SOCIÉTÉ DES AGRICULTEURS DE FRANCE

CODE RURAL

TRAVAUX DE LA SOCIÉTÉ

SUR LE PROJET DE CODE RURAL

1868-1877

PARIS

AU SIÉGE DE LA SOCIÉTÉ

1, RUE LE PELETIER 1

1878

CODE RURAL

SOCIÉTÉ DES AGRICULTEURS DE FRANCE

CODE RURAL

TRAVAUX DE LA SOCIÉTÉ

SUR LE PROJET DE CODE RURAL

1868 - 1877

PARIS

AU SIÉGE DE LA SOCIÉTÉ

1, RUE LE PELETIER, 1

—

1878

SOCIÉTÉ DES AGRICULTEURS DE FRANCE

CODE RURAL

TRAVAUX DE LA SOCIÉTÉ

1868-1877

PARIS

AU SIÈGE DE LA SOCIÉTÉ

8 RUE DE POITIERS

1878

SOCIÉTÉ DES AGRICULTEURS DE FRANCE.

La question du Code rural, soulevée depuis près d'un siècle, vient de passer du domaine des études dans celui des discussions législatives et bientôt, nous l'espérons, de la réalité.

Les livres I et II de ce Code ont été présentés aux Chambres par le Gouvernement.

Le Conseil de la Société des Agriculteurs de France a estimé que le moment était opportun pour réunir et imprimer à nouveau les travaux de la Société relatifs à cette importante matière. Sur la proposition de MM. le comte de Luçay et Dessaignes, il a décidé, dans sa séance du 17 avril 1878, qu'un recueil en serait formé et distribué aux membres du Sénat et de la Chambre des députés.

En même temps qu'elle apportera aux délibérations des pouvoirs publics d'utiles éléments, cette publication a semblé à l'heure actuelle, avoir un autre intérêt, un autre but dont on ne saurait méconnaître l'importance, celui de fournir matière à d'instructifs débats, à de précieux rapprochements avec les législations des pays étrangers, au sein du Congrès international qui va s'ouvrir.

[illegible]

[illegible]

[illegible]

[illegible]

[illegible]

[illegible]

[illegible]

[illegible]

[illegible]

[illegible]

NOTE PRÉLIMINAIRE.

Avant de présenter la suite des rapports et discussions auxquels le Code rural a donné lieu dans le sein de la Société des Agriculteurs de France, il convient d'exposer rapidement ce que l'on peut appeler l'historique de la question, c'est-à-dire les phases successives par lesquelles a passé la préparation de ce Code depuis la fin du siècle dernier.

I. C'est en effet aux travaux de l'Assemblée constituante de 1789 que s'en rattache le premier projet. Tel que l'avait formulé la commission chargée de son élaboration, ce projet embrassait l'ensemble des lois rurales. L'Assemblée, après discussion, le restreignait à deux titres : *les Biens et usages ruraux, la Police rurale*. Ainsi divisée, la loi du 28 septembre 1791 traite, dans le titre Ier : 1° des principes généraux sur la propriété nationale ; 2° des baux des biens de campagne ; 3° des diverses propriétés rurales ; 4° des troupeaux, des clôtures, du parcours et de la vaine pâture ; 5° des récoltes ; 6° des chemins ; 7° des gardes champêtres. Le titre II réglemente la police des campagnes, qu'il place spécialement sous la juridiction des juges de paix, des officiers municipaux, et sous la surveillance des gardes champêtres et de la gendarmerie.

II. La pensée de la Constituante ne fut reprise qu'en 1808. Une commission, formée alors par Chaptal, ministre de l'intérieur, rédigea un projet de Code rural. Ce projet considérait la propriété rurale au triple point de vue : du propriétaire pris individuellement ; de tous les propriétaires entre eux ; des relations des propriétaires avec le Gouvernement. Il était par suite divisé en trois titres : le premier réglementait les assolements et les récoltes, le parcours et la vaine pâture, le glanage, grappillage, râtelage et chaumage, les clôtures, les domestiques et les ouvriers, les pigeons bisets, les animaux et objets immeubles insaisissables, les chèvres.

Le titre II consacrait un premier chapitre aux échanges, un deuxième chapitre au bornage, un troisième chapitre aux cours d'eau, un quatrième chapitre aux chemins vicinaux, un cinquième chapitre au droit de passage, un sixième chapitre aux plantations, un septième chapitre aux bans de vendange, un huitième chapitre aux biens communaux.

Enfin le titre III s'appliquait à la police rurale, réglant la compétence des tribunaux au point de vue des délits ruraux et de leur répression, la sûreté et la salubrité des campagnes, les animaux nuisibles, l'échardonnage, les desséchements, les rivières, les étangs, les défrichements des montagnes, les maladies des bestiaux, la pêche, la chasse.

Dans la préparation de ce Code rural, que l'article 1er définissait : « la réunion des lois qui fixent les droits des propriétaires ruraux ; qui déterminent les obligations qu'ils contractent envers le Gouvernement et celles du Gouvernement à leur égard », les rédacteurs déclaraient s'être inspirés de ce principe fondamental, « qu'il est du devoir rigoureux de tout législateur de maintenir le propriétaire dans toute l'indépendance et la liberté de jouissance compatibles avec l'intérêt général, et qu'on n'a le droit d'exiger de lui des sacrifices qu'autant qu'ils sont nécessaires pour assurer un plus grand bien dans la société ».

III. Renvoyé par un décret du 19 mai 1808 à des commissions consultatives formées aux chefs-lieux des cours d'appel, et composées de magistrats, de conseillers généraux et d'agriculteurs, le projet donna lieu à de nombreuses observations. Les rapports de ces commissions ayant été recueillis et imprimés en 1810, M. de Verneilh, membre du Corps législatif, ancien préfet, fut chargé de reviser, d'après les indications qui y étaient contenues, le projet, qui devait être ensuite discuté en Conseil d'État. Il ne termina qu'en 1814 son travail, composé de quatre volumes in-4°.

Le projet de loi qu'il avait rédigé comprenait deux livres. Le premier livre : *De la Propriété rurale,* se divisait en sept titres. Le titre Ier traitait des assolements, de la culture et des récoltes, du bornage, des clôtures, des plantations. Le titre II réglait le glanage et autres usages semblables, les bans de vendange et de moisson, les droits de passage et les chemins privés, les droits de parcours et de vaine pâture. Les six chapitres du titre III étaient relatifs aux eaux, aux bois, à leur jouissance et conservation, aux défrichements de montagnes, aux étangs, aux rivières, aux desséchements des marais. Le titre IV traitait des biens communaux, des chemins vicinaux, des services communaux et de la prestation civique, des travaux publics ou communaux, enfin des travaux intéressant plusieurs propriétaires. Les domestiques et ouvriers, les colons partiaires et métayers, le bail à ferme, le bail à cheptel, le bail emphytéotique, le bail à rente, faisaient l'objet du titre V. Le titre VI était consacré : 1° aux bestiaux ou animaux domestiques ; 2° aux chèvres, volailles ou oiseaux de basse-cour, abeilles, lapins et chiens ; 3° aux animaux malfaisants ou nuisibles ; 4° à l'extirpation des plantes nuisibles ; 5° à la chasse ; 6° à la pêche. Dans le titre VII se trouvaient réunies les dispositions relatives aux échanges, aux rachat et retrait de convenance, à la jouissance des fonds par indivis et par alternat de récoltes, à la réunion des propriétés morcelées, à la saisie relativement aux cultivateurs, à la possession annale, à la justice de paix.

Le livre II se subdivisait en deux grandes sections : une première avait pour objet la police administrative, titre sous lequel se trouvait rangé tout ce qui concernait les accidents naturels et de force majeure, la sûreté publique et les bâtiments qui menacent ruine, la salubrité publique, la police des grains et subsistances, la police des moulins, fours et pressoirs, les maladies épidémiques ou contagieuses des bestiaux, les vices rédhibitoires, les assurances rurales libres ou forcées, les règlements et usages locaux, les gardes champêtres, les prud'hommes ruraux. La seconde section réglait la police judiciaire au point de vue des crimes, délits et contraventions, des actions et poursuites qu'ils entraînaient, des condamnations à infliger aux délinquants.

Dans la pensée de M. de Verneilh, le Code rural devait former « une espèce de *Corpus juris,* tant pour l'instruction des propriétaires et cultivateurs, que pour diriger les magistrats et autres officiers chargés de juger les différends et de surveiller l'ordre public dans les campagnes ». Le résumé que nous venons d'en présenter témoigne qu'il avait consciencieusement rempli la tâche qu'il s'était imposée. Son travail ne comptait pas moins de 960 articles, dont plus de 200 empruntés au Code civil, au Code d'instruction criminelle et au Code pénal.

IV. Présenté en 1814 par son auteur à la Chambre des députés, repris en 1818, soumis en 1834, à la suite de réclamations émanées du Conseil supérieur d'agriculture et d'un certain nombre de conseils généraux, à une nouvelle commission dont les travaux n'aboutirent pas davantage que ceux de ses devancières, le projet de Code rural devint en 1854, devant le Sénat du second empire, l'objet d'une proposition due à l'initiative parlementaire. Un rapport à l'Empereur, rédigé par M. de Casabianca, fut adopté par la haute assemblée dans ses sessions de 1856, 1857 et 1858.

Ce rapport, posant à nouveau les bases du Code rural, le divisait en trois livres distincts. Le premier traitait du Régime du sol, il était subdivisé en quatre titres : Titre I, *Dispositions générales.* § 1, *Liberté de l'agriculture;* § 2, *Morcellement;* § 3, *Concours forcé des propriétaires aux travaux d'intérét commun;* § 4, *Possession annale.* — Titre II, *Des Servitudes rurales.* § 1, *Du Parcours et de la vaine pâture;* § 2, *Bornage;* § 3, *Clôtures.* — Titre III, *Des Usages.* — Titre IV, *Des Contrats ruraux.*

Le livre II avait pour objet le Régime des eaux. Titre I, chap. 1, *De la Propriété des eaux;* chap. 2, *Des Servitudes.* — Titre II, *Des Rivières navigables ou flottables, leur définition; leur administration; concessions; endiguements.* — Titre III, *Des Cours d'eau non navigables et non flottables; du pouvoir réglementaire de l'Administration sur ces cours d'eau; du curage.* — Titre IV, *Des Eaux pluviales et des sources.* — Titre V, *Des Eaux stagnantes : les marais, les étangs et rivières, le drainage.* — Titre VI, *De la Compétence.*

Le livre III était consacré à la police rurale. Titre I, *Des Agents de la police rurale, les gardes.* — Titre II, *Des Mesures préventives;* chap. 1, *Conservation des animaux domestiques, les épizooties, destruction des bêtes fauves;* chap. 2, *Conservation des récoltes, le feu, les inondations, les animaux et insectes nuisibles, les plantes nuisibles.* — Titre III, *Des Poursuites judiciaires.* — Titre IV, *Police de la chasse.* — Titre V, *Police de la pêche.*

Le Sénat caractérisait ainsi, par l'organe de son rapporteur, l'esprit dans lequel avait été rédigé le projet :

« Nous n'avons pas cru devoir suivre l'exemple de M. de Verneilh, qui, en revisant le projet de 1808, a emprunté plus de 200 articles au Code civil, au Code d'instruction criminelle et au Code pénal. Il y aurait un inconvénient grave à placer des dispositions identiques dans deux Codes différents; le Code rural n'est à nos yeux qu'une annexe des grands recueils des législations civile et criminelle; il n'a donc pas besoin de s'en approprier les articles. »

V. Le projet sénatorial fut renvoyé à l'examen du Conseil d'État, lequel, après discussion[1], en adopta le plan, éliminant même quel-

---

[1] M. Persil, chargé d'abord au Conseil d'État de préparer le livre Ier, avait, au début, adopté le système de M. de Verneilh, et bien qu'il ne l'ait pas suivi très-rigoureusement, il s'était trouvé amené à formuler un projet qui comprenait plus de 500 articles.

ques-unes des matières que le Sénat avait cru devoir y comprendre, sur le motif que ces matières se trouvaient déjà réglées par la législation.

Les trois livres du Code firent dans son sein l'objet d'une étude distincte et approfondie. Le livre Ier, *Régime du sol*, fut déposé le 16 juillet 1868 au Corps législatif, avec un remarquable exposé des motifs[1] rédigé par M. Bayle-Mouillard, conseiller d'État. La commission de la Chambre était prête à le porter en séance publique, quand survinrent les événements de 1870.

Le Conseil d'État terminait à la même époque l'examen du livre II, auquel il avait consacré, en 1869 et 1870, plus de vingt séances générales. Quant au livre III, le rapporteur ne l'avait pas encore soumis aux délibérations de la section de législation.

VI. La Société des Agriculteurs de France ne pouvait pas ne pas donner dans ses travaux une large place à une question qui touche d'aussi près aux intérêts vitaux de l'agriculture que le Code rural. Elle l'aborda dès sa première session. Plusieurs rapports lui furent soumis en décembre 1868, au nom de la section d'économie et de législation rurales, et depuis lors, à chacune des sessions générales, cette section a successivement présenté aux délibérations de la Société les diverses parties de ce Code. Une commission spéciale avait, sous l'active et savante direction de M. le président Josseau, été chargée par elle de préparer le travail, et prenant pour base le projet du Conseil d'État, s'était préoccupée d'en concilier les principes avec les droits et les intérêts légitimes de l'agriculture. Les votes émis par l'Assemblée générale, après sérieux examen, témoignent que la commission du Code rural n'a pas été au-dessous de la tâche délicate qui lui avait été confiée.

L'ensemble du travail pouvait être considéré comme terminé en 1875. Dans la session de mars 1876, alors qu'allait commencer à fonctionner la Constitution nouvelle, la Société crut devoir renouveler les plus importants de ses vœux relatifs au Code rural, donnant à son Conseil mission de les transmettre aux pouvoirs publics et d'en poursuivre auprès d'eux la réalisation.

VII. Le 13 juillet 1876, le Gouvernement présentait au Sénat les livres I et II du Code rural, tels que le premier avait été déjà proposé en 1868 au Corps législatif, et que le second avait été adopté en 1870 par le Conseil d'État.

---

[1] Il a fourni en partie les éléments de la présente note.

Le Sénat a pensé qu'afin d'éviter l'insuccès des diverses tentatives qui avaient eu lieu en cette matière depuis 1790, il convenait de ne pas attendre que ses commissions eussent terminé l'étude complète de l'ensemble du projet ; il a décidé 'd'en discuter successivement les différentes parties et de les grouper en lois distinctes.

Ce mode de procéder est précisément celui que, dès 1868, la Société des Agriculteurs de France, sur le rapport de M. Léonce de Lavergne, signalait comme le seul vraiment pratique. Il a eu pour avantage immédiat l'adoption des titres relatifs aux *chemins ruraux*, aux *chemins d'exploitation*, à *la mitoyenneté des clôtures*, aux *plantations* et au *droit de passage en cas d'enclave*, et permet de concevoir pour la suite de l'œuvre les meilleures espérances.

VIII. Dans le présent recueil, nous avons pris pour base de classification les livres I et II du Code rural, présentés le 13 juillet 1876 au Sénat, et nous avons rangé sous chacun de leurs titres les rapports et les discussions de la Société qui y correspondent. Les limites qui nous étaient assignées ne nous ont pas permis de reproduire, malgré tout leur intérêt, les délibérations de la section de législation et d'économie rurales. Nous ne pouvons que les signaler au lecteur, en l'invitant à se reporter aux Bulletins et aux Annuaires de la Société. Nous avons toutefois fait exception pour deux questions qui n'ont pas été portées à l'assemblée générale, les bans de vendange et de moisson d'une part, les étangs de l'autre.

La section et l'assemblée ont également étudié certaines parties du livre III du Code rural, la réglementation des droits de glanage et grappillage, ainsi que l'organisation des gardes champêtres. Le projet de loi sur la police rurale n'étant pas encore présenté aux Chambres, il a semblé qu'il convenait d'ajourner la publication de ces derniers travaux.

Comte DE LUÇAY.

RAPPORT

de M. Léonce de Lavergne sur le projet de Code rural.

SESSION GÉNÉRALE DE 1868.

Séance du 23 décembre.

MESSIEURS,

La section d'économie et de législation rurales s'est occupée du projet de Code rural dont le premier livre vient de paraître. Ne vous effrayez pas, Messieurs; nous ne sommes pas entrés dans l'examen des détails de ce Code, et nous ne vous proposons pas d'y entrer. Nous vous proposons seulement d'émettre trois vœux généraux et préliminaires. Nous demandons :

1° Que, dans le cas où l'achèvement d'un Code rural subirait encore des lenteurs, il soit pourvu par des lois spéciales aux besoins les plus pressants de l'agriculture ;

2° Que, dans la rédaction de ces lois, on maintienne les principes généraux du Code civil, mais sans trop s'assujettir dans les détails aux prescriptions du Code civil ;

3° Que, dans la confection des lois rurales, les associations agricoles soient préalablement consultées.

Ce n'est pas une petite affaire que la rédaction d'un Code rural. Voilà quatre-vingts ans qu'on y travaille, et on n'a pas encore pu se mettre d'accord. En 1791, le jurisconsulte Merlin déclarait qu'un Code rural était impossible. Aussi l'Assemblée constituante s'est-elle bornée à faire, avant de se séparer, la loi de 1791, sur les biens et usages ruraux, une des meilleures œuvres de cette Assemblée et du petit nombre de celles qui ont survécu. En 1804, au moment où s'élaboraient nos autres Codes, on a fait une nouvelle tentative; après bien des vicissitudes, on est arrivé à la rédaction d'un projet en 1,000 articles; ce projet a dû être abandonné. En 1818, nouvelle entreprise; les premiers jurisconsultes du temps sont chargés de la rédaction du Code rural, ils finissent par y renoncer. En 1834, on nomme une grande commission composée de magistrats, de députés, de membres du Conseil général d'agriculture; après de mûres délibérations, cette commission y renonce encore, et elle propose de s'en tenir à des lois spéciales rendues au fur et à mesure des besoins sur les questions qui intéressent le plus l'agriculture. C'est ainsi qu'ont été faites successivement la loi de 1836 sur les chemins vicinaux, la loi de 1838 sur les vices rédhibitoires, les lois sur les irrigations, etc.

Le projet actuel donne lui-même la preuve de l'extrême difficulté d'une codification des lois rurales. Voilà douze ans que le Sénat a demandé un Code rural et a jeté dans trois rapports à l'Empereur les bases de ce Code. Le Conseil d'État s'est mis à l'œuvre, et, après dix ans de préparation consciencieuse, il aboutit à présenter le premier livre, c'est-à-dire un tiers du projet. Ce premier livre n'est pas encore discuté par le Corps législatif; il donnera probablement lieu à de longues discussions, et si, le reste du projet subit les mêmes retards, nous en avons pour jusqu'à la fin du siècle.

Il est, en effet, très-difficile de savoir ce qu'il faut faire entrer dans un Code rural, et ce qui ne doit pas en faire partie. C'est sur cette question préliminaire qu'on s'est toujours divisé; même aujourd'hui, à propos du premier livre, le Sénat et le Conseil d'État ne sont pas toujours d'accord. Pour refaire d'ensemble les lois rurales, il faut reprendre en sous-œuvre le Code civil, le Code de procédure civile, le Code pénal, même les lois de finances et d'administration. Le premier livre qui vient d'être publié écarte les questions qui intéressent le plus l'agriculture, comme les échanges de parcelles, les abornements, le cadastre, la législation sur le cheptel, etc. En revanche, il règle longuement le bail emphytéotique, ce qui est une anomalie; car, outre qu'il n'y a rien d'urgent dans cette matière, le bail emphytéotique est beaucoup plus usité dans les villes que dans les campagnes, et par conséquent la législation sur ce sujet est beaucoup plus du domaine du Code civil que du domaine du Code rural.

On trouverait à chaque pas, dans ce premier livre, à faire des observations du même genre. Ainsi les rédacteurs eux-mêmes reconnaissent que leur titre, qui contient des modifications au Code civil sur la mitoyenneté, les clôtures, etc., est déplacé dans le Code rural et doit en disparaître pour prendre place dans le Code civil lui-même, pour éviter cet étrange spectacle d'un code amendant un autre code. Ailleurs on a inséré dans le nouveau code les articles de la loi sur les vices rédhibitoires; ne serait-il pas plus simple et plus logique de laisser ces articles où il sont, en se bornant à les amender dans ce qu'ils peuvent avoir de défectueux? De même on a copié, à propos de la police rurale, de nombreux articles de la loi de 1791. A quoi bon? Est-ce qu'on veut abroger cette loi? La loi de 1791 n'est, malgré sa date, nullement révolutionnaire; elle est, ce qui vaut mieux, profondément libérale. On lui doit la liberté des cultures et la paix rurale, et avec ces biens inestimables une bonne part des progrès que l'agriculture a faits depuis trois quarts de siècle. Qu'on l'amende dans le plus petit nombre de ses dispositions qui peuvent avoir veilli; mais, dans l'ensemble, qu'on la conserve comme une tradition nationale et un des plus précieux souvenir de notre histoire agricole.

Si l'on parvient à s'entendre sur les bases d'un Code rural, nous ne demandons pas mieux ; mais, dans le cas où les difficultés qui ont tout arrêté jusqu'ici viendraient à se représenter, nous demandons qu'on règle en attendant les questions pressantes par une série de lois spéciales. Depuis la réunion de la Société des agriculteurs, plusieurs de ces lois ont été déjà réclamées. De ce nombre sont : le retour à la loi de 1824 sur les échanges de parcelles, l'établissement d'un droit fixe d'enregistrement sur les baux, une loi qui facilite les abornements, etc. On propose de régler à part la question des irrigations, et une commission mixte a été nommée à ce sujet. La section d'économie et de législation a en outre détaché du projet de Code rural le titre des chemins ruraux pour en faire l'objet d'un examen spécial qu'elle a confié à une commission. Une loi sur les chemins ruraux ne peut guère en effet faire partie d'un code. Un code est fait pour édicter des principes de droit, et une loi sur les chemins ruraux doit faire plus ; elle doit, à l'exemple de la loi de 1836 sur les chemins vicinaux, organiser un mécanisme administratif pour l'exécution des nouveaux chemins.

Si nous attendions pour toutes ces lois qu'on se mît d'accord sur l'ensemble d'un Code rural, nous risquerions de les attendre longtemps et peut-être toujours.

Dans le second vœu, nous déclarons qu'il ne faut toucher au Code civil qu'avec le plus grand respect. Ce Code est un monument, il faut se garder d'y porter la main sans nécessité. La section d'économie et de législation a donné elle-même l'exemple de ce respect en refusant d'émettre un vœu pour prolonger la durée légale des baux des biens des incapables. Beaucoup de bons esprits demandent cependant cette modification au Code civil; mais on a poussé jusqu'à l'extrême la crainte d'innover. Il ne faut pourtant pas que la peur de tomber dans un excès fasse tomber dans un excès contraire. Il y a dans le Code civil telle disposition, dans la législation du cheptel par exemple, dont l'abrogation est demandée par le plus simple bon sens. Le Sénat l'a lui-même senti ; dans un de ses rapports à l'Empereur, il a signalé l'article du Code qui veut, quand les animaux donnés en cheptel périssent en partie, que la perte soit partagée entre le bailleur et le preneur, et que, s'ils périssent en totalité, la perte soit supportée tout entière par le bailleur. Le Sénat fait remarquer que cet article intéresse le cheptelier à la destruction totale des animaux confiés à ses soins. « Des faits regrettables, dit-il, en sont résultés. » En parlant ainsi, le Sénat fait allusion à ce qui s'est passé pendant une des dernières inondations de la Loire ; des chepteliers à qui l'inondation avait enlevé une partie de leur bétail, jetaient le reste à l'eau ; sans doute ils commettaient un délit, mais ils espéraient ne pas être vus et régler par ce moyen leurs comptes avec le bailleur. « Il est essentiel, ajoute le Sénat, de prévenir le retour de pareils faits par une législation plus prévoyante et plus en rapport avec les besoins de l'agriculture. »

Nous avons cherché cette législation prévoyante dans le projet de Code rural, et nous ne l'avons pas trouvée. L'exposé des motifs donne pour raison qu'il ne faut pas toucher au Code civil. Cette raison ne nous paraît pas suffisante ; en corrigeant un article aussi injuste, on ne peut que faire honneur au Code. Nous pourrions citer d'autres dispositions de la législation sur le cheptel qui n'appellent par moins une réforme.

Notre troisième vœu n'a pas besoin d'être appuyé par de longs discours devant une assemblée d'agriculteurs. De tout temps, on a consulté les agriculteurs à propos des lois rurales. Quand l'Assemblée constituante a voulu faire la loi de 1791 sur les biens et usages ruraux, elle a choisi pour rapporteur Heurtaut de la Merville, qui était à la fois un économiste de l'école de Turgot et un agriculteur praticien ; c'est à lui qu'on doit les premiers efforts tentés en France pour l'amélioration des races de moutons. En 1804, c'est à deux membres de la Société centrale d'agriculture, MM. Tessier et Huzard, qu'on s'est adressé tout d'abord pour demander la préparation d'un Code rural, et leur projet était très-supérieur à celui qui fut rédigé plus tard par M. de Verneilh. Sous la Restauration, sous la monarchie de 1830, on a toujours pris l'avis des représentants de l'agriculture. Cette fois, on n'a consulté ni la Société centrale d'agriculture, ni les Sociétés d'agriculture de province ; tout s'est passé entre le Sénat et le Conseil d'État. Nous respectons profondément ces deux corps, nous avons la plus grande confiance dans leurs lumières ; mais il nous semble que les associations agricoles auraient bien eu aussi quelque chose à dire.

Voici un exemple qui le prouve. Le projet du Code rural consacre un petit nombre d'articles au bail à partage de fruits connu sous le nom de métayage ; eh bien, les pays à métayage étaient représentés dans la section d'économie rurale par de nombreux membres et présidents de sociétés d'agriculture ; ils ont tous pensé que ces articles étaient inutiles, et que les conditions du métayage devaient être réglées par les conventions entre les parties et les usages locaux. Vous entendrez tout à l'heure un rapport sur ce sujet. Si les associations agricoles avaient été préalablement consultées, on se serait épargné ce désagrément. La Société des agriculteurs de France s'est réunie pour faire entendre la voix des intéressés sur toutes les questions qui touchent à l'agriculture ; c'est bien le moins qu'elle exprime le vœu qu'on prenne l'avis des associations agricoles sur tous les changements projetés aux lois rurales, comme on prend l'avis des chambres de commerce sur les changements projetés aux lois commerciales.

M. le président met aux voix les trois propositions développées dans ce rapport. Elles sont adoptées sans discussion, à l'unanimité.

LIVRE PREMIER.
Régime du sol.

TITRE PREMIER.
DES CHEMINS RURAUX ET DES CHEMINS ET SENTIERS D'EXPLOITATION ([1]).
(Art. 3 à 32.)

SESSION GÉNÉRALE DE 1870.

Séance du 1er février.

RAPPORT
de M. Émile Labiche sur les chemins ruraux.

MESSIEURS,

De nouvelles mesures législatives sur les chemins ruraux sont absolument nécessaires.

Depuis longtemps les conseils généraux, les comices agricoles et tous ceux qui se préoccupent des besoins des populations rurales réclament avec insistance une modification à l'état de choses actuel.

Un exposé succinct de la situation suffira pour justifier la réforme demandée.

Les chemins communaux se divisent aujourd'hui en deux classes :

Les chemins vicinaux et les chemins ruraux.

Avant d'entrer dans l'examen de la situation des chemins ruraux, il est utile, de les distinguer des chemins vicinaux et pour cela d'expliquer succinctement la situation de ces derniers.

Les chemins vicinaux jouissent d'une législation spéciale (loi du 21 mai 1836) qui donne les moyens de les créer, de protéger leur existence légale par le privilége de l'imprescriptibilité, d'assurer leur conservation matérielle par les ressources qui leur sont réservées sur les budgets des communes.

La loi du 11 juillet 1868 est intervenue récemment pour assurer ou au moins pour faciliter, au moyen de subventions et de prêts consentis par l'État, la construction de la portion la plus utile de ces chemins.

([1]) Ce titre a été adopté en 1877 par le Sénat, sur le rapport de M. Labiche.

Cette mesure est l'origine de la division des chemins vicinaux en deux catégories : le réseau subventionné, dont le législateur s'est proposé l'achèvement en dix ans ; le réseau non subventionné, dont l'exécution reste attribuée aux seules ressources des communes.

Des critiques fondées se sont élevées sur l'attribution arbitraire faite à chaque département, puis à chaque commune, d'un maximum kilométrique subventionné. Il est certain que la répartition aurait dû logiquement être précédée d'une révision systématique du réseau vicinal, tandis qu'en prenant pour base l'état de classement existant, la répartition a donné lieu à des inégalités regrettables.

Dans une partie de la France, en effet, par suite du défaut de classement régulier, un grand nombre de voies de communication essentiellement vicinales par leur nature, par leur usage, ont dû rester en dehors de la répartition faite en vertu de la loi de 1868.

Quoi qu'il en soit, cette loi produira de grands et utiles effets ; elle assure aux communes les moyens de construire, grâce aux subventions de l'État et des départements, la portion la plus importante de leur réseau vicinal, et ce résultat est obtenu sans rien enlever à leur autonomie.

Quant au réseau non subventionné, il a ses ressources antérieures et continue à profiter du bénéfice de la législation de 1836.

La commission n'a pas mission de s'occuper des chemins vicinaux Son travail doit être concentré sur la seconde classe des chemins communaux : *les chemins ruraux.*

CHAPITRE PREMIER.

SITUATION LÉGALE, FINANCIÈRE, MATÉRIELLE DES CHEMINS RURAUX
SOUS LA LÉGISLATION ACTUELLE.

---

§ 1ᵉʳ. *Situation légale.*

Ces chemins sont dans une situation bien différente des chemins vicinaux : tandis que ces derniers ont un acte régulier d'origine dans l'arrêté de classement qui détermine leur tracé et leur largeur, les chemins ruraux n'ont aucun titre régulier opposable aux tiers ; leur état civil n'existe qu'à l'état de renseignement. La preuve de leur existence résulte de circonstances de fait, présentant rarement un caractère de légitimité incontestable.

Une circulaire ministérielle du 16 novembre 1839 a bien prescrit aux autorités municipales de dresser un état de tous les chemins ruraux ; mais cette circulaire est loin d'avoir reçu partout son exécution, et, dans les pays même où elle a été exactement observée, elle n'a pu donner aux chemins ruraux le titre régulierqui leur manque. L'état de reconnaissance n'est nulle part un acte contradictoire pouvant être opposé aux tiers, il n'est que le résultat d'une mesure d'ordre, il fournit un renseignement constituant une simple présomption en faveur de l'existence des chemins ruraux.

Quand bien même cette existence serait incontestée, ces chemins resteraient encore dans une situation précaire ; la législation ne leur attribue aucun des caractères légaux nécessaires pour assurer leur entretien et leur conservation.

C'est à peine si les administrations locales ont pu trouver dans les lois générales sur leurs attributions quelque pouvoir pour la police et la surveillance de ces chemins.

C'est en vertu de la loi des 16-24 août 1790, article 8, titre VIII, que les maires ont compétence pour tout ce qui concerne la sûreté et la commodité du passage sur la voie publique.

Ce pouvoir du maire a reçu sa sanction dans le Code pénal, articles 491, nos 4 et 5, et 479, nos 11 et 12.

La Cour de cassation décide qu'en vertu des règles générales de notre droit et en l'absence de tout règlement administratif local, les riverains des chemins ruraux ne sont pas soumis à l'autorisation préalable pour construire et planter.

Même lorsque ces règlements locaux existent, un des principaux avantages de la prescription d'alignement disparaît, le maire ne pouvant, par son arrêté d'alignement, donner au chemin une largeur plus grande que l'étendue de la propriété communale.

L'autorisation préalable n'est jamais nécessaire non plus pour exécuter de simples réparations à des bâtiments sur un chemin rural. (Cassation, 11 janvier 1862 et 23 janvier 1864.)

Les préfets, de leur côté, ne peuvent ordonner l'élargissement par arrêté attributif du terrain.

L'article 20 de la loi du 21 mai 1836, qui décide que les actions intentées par les communes, relativement aux chemins vicinaux, doivent être jugées comme affaires sommaires, n'est pas applicable aux chemins ruraux.

Enfin il n'existe pas de privilége d'occupations temporaires des terrains, pour l'extraction des matériaux destinés à l'amélioration des chemins ruraux.

§ 2. *Situation financière.*

Ces chemins, complétement déshérités au point de vue légal, ne le sont pas moins au point de vue financier.

Non-seulement les communes n'ont pas l'obligation de les entretenir, mais la loi les met dans l'impossibilité d'y faire les moindres dépenses, lors même que leurs ressources sembleraient le leur permettre.

La meilleure démonstration de cette situation résulte de l'appréciation faite par le ministre dans sa circulaire du 16 novembre 1839, appréciation qui n'est encore que trop exacte aujourd'hui :

« Il n'est qu'un seul cas où l'administration pourrait faire quelque chose pour les chemins ruraux, c'est celui où une commune peut entretenir ses chemins vicinaux sur ses seuls revenus sans avoir recours aux prestations ni aux centimes spéciaux, et où, toutes ses dépenses obligatoires assurées, le conseil municipal voudrait affecter quelques fonds à l'entretien des chemins ruraux, sous l'approbation, bien entendu, de l'autorité qui règle le budget; mais ce cas sera bien rare, puisque, ainsi que cela résulte du rapport présenté par le ministre sur le service vicinal en 1838, il n'y avait dans toute la France que 1,391 communes qui auraient pu assurer sur leurs seuls revenus l'entretien des chemins vicinaux.

« Presque partout, il faut donc le reconnaître, les communes sont dans *l'impossibilité* de rien faire pour la réparation de leurs chemins ruraux, et c'est une conséquence de la classification de nos voies publiques secondaires, qui a mis à la charge des communes les plus importantes ces voies de communication sous le titre de chemins vicinaux.

« Si un chemin rural venait, par l'effet de quelque circonstance, à acquérir assez d'importance pour que son entretien fût indispensable ou seulement utile aux intérêts de la commune, on pourrait, en remplissant les formalités voulues, le porter dans la catégorie des chemins vicinaux, ce qui permettrait alors de pourvoir à son entretien sur les ressources créées par la loi du 21 mai 1836. »

§ 3. *Situation matérielle.*

La doctrine et la jurisprudence sont d'accord pour reconnaître l'impuissance de l'administration à améliorer et même à protéger les chemins ruraux.

Les conséquences de cette situation apparaissent à tous ceux qui ont vécu au milieu des campagnes.

Tout le monde peut constater le triste état des chemins ruraux, qui ne sont protégés par aucune disposition légale, qui sont défoncés par tous et ne sont réparés par personne.

Si dans certains pays de plaines, comme la Beauce, ces chemins sont praticables dans la belle saison par suite du passage des instruments de culture et de l'action de la charrue qui nivellent les ornières, il est d'autres contrées, la Bretagne par exemple, où ces chemins forment des ravins impraticables, encaissés de talus élevés, couverts de grands arbres qui présentent un obstacle presque impénétrable à l'action du soleil.

Cet état de choses a soulevé depuis longtemps les plaintes les plus légitimes. Il n'est pas de réforme mieux justifiée que celle que nous réclamons.

Il est certaines améliorations sociales dont l'utilité est universellement reconnue, mais dont la réalisation est difficile, parce qu'elle exige des ressources financières impossibles à obtenir. Mais ici l'obstacle n'est pas précisément dans le défaut des ressources d'exécution, il est surtout dans les difficultés artificielles qui résultent d'une législation incomplète et imprévoyante.

Aussi, la seule intervention que nous sollicitons de l'État, c'est de lever les obstacles par la réforme de la législation.

Cette réforme ne peut porter atteinte à aucun intérêt, éveiller aucune susceptibilité légitime. Nous ne demandons le sacrifice d'aucun droit, mais nous réclamons en faveur des chemins ruraux l'application d'un régime légal qui leur assure les conditions d'existence et de conservation.

Il nous reste, après avoir exposé les inconvénients de la situation actuelle, à indiquer quel remède on peut y apporter.

Le titre Ier du projet de Code rural indique plusieurs solutions. Nous les examinerons sur chacun des points essentiels en les comparant aux résolutions adoptées par votre commission.

CHAPITRE II.

PROJET DE LÉGISLATION NOUVELLE.

---

§ 1er. — *Mesures légales.*

I. — La première disposition législative à formuler est celle qui doit servir à constituer d'une façon régulière le réseau des chemins ruraux.

Quel est le meilleur mode pour établir cette constitution du réseau ? C'est la reconnaissance immédiate, non de la propriété, mais de la *possession légale* des communes.

Jusqu'ici cette possession ne peut être établie que par des preuves de droit commun, c'est-à-dire par des actes matériels, souvent controversables, et qui, par leur nature même, ne peuvent pas produire des effets permanents.

La nature de ces actes de possession matérielle les rend d'une exécution coûteuse ; il est difficile d'exécuter sur toute la longueur d'un chemin, vis-à-vis de chaque propriété riveraine, des travaux de bornage ou des fossés.

On pourrait demander, pour se dispenser de ces actes de possession, l'adhésion expresse de chaque riverain à un procès-verbal général de reconnaissance, mais dans cette voie encore on rencontrerait des difficultés d'exécution considérables.

Le système qui a paru le plus pratique à la commission et qui a été adopté par le projet de Code rural (art. 6), est celui qui consiste à faire produire à un état de lieux non contradictoire, mais arrêté après enquête et *conformément* à la délibération du conseil municipal, tous les effets d'une prise de possession matérielle, si cet état de reconnaissance n'est, dans l'année, l'objet d'aucune réclamation de la part des riverains.

Nous acceptons donc sur ce point le système du projet de Code rural.

Nous proposons seulement d'ajouter une nouvelle garantie aux garanties déjà stipulées en faveur de l'intérêt individuel. C'est la nécessité d'une notification par voie administrative de l'arrêté de reconnaissance à chaque riverain en ce qui le concerne.

Ce n'est qu'après cette notification que le riverain est véritablement mis en demeure de contester la prise de possession. Ce n'est qu'après l'accomplissement de cette formalité que son silence peut être considéré comme une adhésion tacite.

Cette prise de possession fictive présente en réalité plus de garantie pour lui que les actes de possession matérielle dont se contente le droit commun, et qui ne laissent le plus souvent aucune trace.

Le projet de Code rural se contente de stipuler cette reconnaissance comme une *faculté*; nous pensons, nous, que la mesure doit être d'une application générale, et qu'il convient que l'administration en poursuive l'application dans un délai déterminé.

Il est temps, selon nous, de donner à l'ensemble du réseau rural une légitimité et une fixité qui lui ont toujours manqué; nous pensons qu'il n'y a pas lieu d'établir volontairement, comme le propose le projet de code, deux classes de chemins ruraux : les uns reconnus par acte régulier, les autres, au contraire, toujours discutables parce que leur existence légale ne reposera que sur des circonstances de faits controversables.

II. — Il ne suffit pas de reconnaître les chemins existants, il faut rétablir ceux qui ont été usurpés, ouvrir ceux qui sont devenus nécessaires, redresser et élargir ceux qui sont insuffisants.

La commission est d'avis que pour obtenir ces résultats il est indispensable de rendre une partie de la législation vicinale applicable aux chemins ruraux.

Ces chemins ont un intérêt suffisant pour justifier ces dispositions de faveur; devant l'intérêt collectif qu'ils représentent, les préoccupations de l'intérêt individuel doivent céder.

La propriété trouve d'ailleurs sa garantie dans l'indemnité qui lui est assurée.

La législation actuelle est évidemment insuffisante, car pour arriver à l'ouverture d'une nouvelle voie de communication, il est nécessaire aujourd'hui de la classer comme chemin vicinal, de lui attribuer par conséquent un caractère que souvent elle ne devrait point avoir.

Les formalités exigées pour le déclassement des chemins vicinaux doivent l'être également pour les chemins ruraux. Nous partageons à cet égard l'avis du rédacteur du Code. Nous demandons seulement, de plus que lui, la notification aux riverains de la proposition de déclassement.

III. — Le réseau reconnu et complété, il faut le conserver.

De là, nécessité d'étendre aux chemins ruraux le privilége de l'imprescriptibilité que la doctrine et la jurisprudence lui refusent.

Le projet de Code rural admet bien le principe; mais il ne fait cette concession indispensable à la conservation des chemins, que pour la retirer lorsque l'usurpation enlève complétement au public l'usage du chemin.

Nous n'adoptons pas ce système.

Beaucoup de chemins ruraux, ceux notamment qui traversent des bois dont l'exploitation n'a lieu qu'à des intervalles éloignés, peuvent être interceptés pendant un an par un fossé, un dépôt de terre, sans que cette interruption porte un grand trouble à la circulation, et soit de nature à mettre en action la vigilance de l'administration.

On ne saurait donc voir dans son silence une adhésion à l'usurpation.

Nous partons, d'ailleurs, ne l'oublions pas, de ce principe que l'arrêté de reconnaissance est un acte de possession fictive, si l'on veut, mais suffisante, avec les garanties dont elle est entourée, pour établir la possession légale, et par suite pour assurer au chemin son caractère de propriété communale affectée au public.

Nous ne voyons aucun avantage à faire évanouir ce caractère devant un acte équivoque de possession matérielle.

IV. — Les prescriptions de la loi vicinale sur les alignements, les autorisations de réparations, de plantations, les extractions de matériaux, les instances judiciaires, nous semblent devoir être appliquées aux chemins ruraux. Cette réforme ne nous paraît susceptible d'aucune objection sérieuse.

§ 2. *Moyens financiers de construction et d'entretien.*

Le régime légal des chemins ruraux établi, leur état civil créé, leur existence garantie par les dispositions qui protègent les voies vicinales, il nous reste à nous occuper des conditions matérielles d'exécution et d'entretien des travaux.

I. INTERVENTION DES COMMUNES.

Nous avons constaté, par l'aveu de l'administration elle-même (circulaire du 16 novembre 1839), l'impossibilité absolue où se trouvaient, sauf un très-petit nombre d'exceptions, toutes les communes de France de consacrer légalement les moindres ressources à l'entretien des chemins ruraux. La situation ne s'est pas modifiée.

C'est une impuissance légale à laquelle on doit remédier.

Il faut faire sortir les communes de l'alternative fâcheuse à laquelle le régime actuel les condamne : ne rien faire pour les chemins ruraux, ou changer le caractère de ces chemins en les élevant à la classe des chemins vicinaux.

Afin de permettre aux communes de donner suite aux dispositions favorables dont elles sont souvent animées pour les chemins ruraux, sans pouvoir les réaliser régulièrement, il est nécessaire d'étendre leur pouvoir de s'imposer.

Cette faculté ne doit rien enlever, bien entendu, aux ressources du réseau vicinal, qui présente des intérêts d'un autre ordre.

Il faut donc, selon nous, permettre aux communes de voter des ressources limitées et spécialement affectées aux chemins ruraux.

II. Formation des syndicats.

Admettons qu'il y ait un défaut absolu de ressources communales, ou bien supposons que le chemin rural sur lequel les travaux sont à faire, ne présente pas un intérêt communal suffisant pour justifier une contribution mise sur la généralité des habitants : devra-t-on renoncer à entreprendre une amélioration dont les avantages peuvent dépasser de beaucoup les dépenses ?

Si les terres qui doivent profiter de la mise en état du chemin étaient entre les mains d'un seul propriétaire, nul doute que son intérêt bien entendu ne le déterminât à faire des dépenses dont il serait largement rémunéré.

La division des intérêts, le morcellement de la propriété, doivent-ils mettre un obstacle infranchissable à l'entreprise de travaux dont les produits couvriront bien des fois la dépense ?

C'est dans ces circonstances qu'il appartient au législateur d'intervenir pour lever, par des dispositions législatives, les empêchements légaux qui enchaînent l'initiative privée.

Nous sommes en présence d'une amélioration sociale importante à réaliser : nous avons sous les yeux des terres qui restent presque improductives, parce que l'on ne peut y avoir un accès facile pour les améliorer et les cultiver convenablement.

Faut-il nous contenter d'exprimer de vains regrets ? Ne devons-nous pas plutôt réclamer une mesure législative qui permette à tous les intéressés, ou au moins à une majorité considérable de ces intéressés, de s'unir pour réaliser ensemble le travail qu'un seul aurait entrepris si la propriété de toutes les parcelles avait été concentrée en ses mains ?

La loi du 21 mars 1865 sur les associations syndicales admet le principe de cette union dans un but d'intérêt commun, mais elle en repousse l'application quand il s'agit des chemins, à raison de leur caractère de propriété communale.

Votre commission, au contraire, d'accord avec le projet de Code rural, réclame, dans cette circonstance, l'intervention collective qui vient, dans certains cas, se substituer utilement à l'action communale, et, dans d'autres, lui prêter une aide indispensable.

Le projet limite, il est vrai, cette intervention aux travaux de réparation ou d'entretien des chemins ruraux. Nous pensons qu'il n'y a aucun inconvénient, qu'il y a, au contraire, des avantages considérables à se montrer plus large dans l'application du principe d'association, et qu'on doit l'admettre dans tous les cas où il y a lieu de compléter le réseau des chemins ruraux.

La multiplication de ces voies de communication favorise les progrès de l'agriculture en donnant aux cultivateurs la liberté des assolements, dont les changements présentent toujours de grandes difficultés dans les terres enclavées.

Nous vous proposons aussi de décider qu'il ne faut pas s'en remettre à l'appréciation du maire pour provoquer ou non l'organisation des syndicats, mais que son concours ne doit jamais être refusé pour la réunion des intéressés quand elle est réclamée par l'initiative privée.

Pour la détermination de l'importance des terres dont les propriétaires donnent leur adhésion, le projet de loi indique la superficie des terrains.

Ce n'est là, suivant nous, qu'un élément d'appréciation insuffisant. De très-grandes superficies peuvent ne présenter que peu de valeur. Nous croyons qu'il convient de substituer la valeur cadastrale à la superficie.

Le rédacteur de la nouvelle loi subordonne la formation du syndicat à l'approbation du préfet.

Il y a lieu, suivant la majorité de la commission, de maintenir le contrôle du préfet, mais à une condition : c'est que la rédaction précisera que l'examen de ce magistrat doit porter, non sur le fond même de la question d'utilité plus ou moins grande des travaux, mais sur la vérification de l'accomplissement des garanties exigées par la loi.

La commission a pensé qu'il était bon d'apporter au projet de loi diverses modifications de rédaction dont la plupart s'expliquent suffisamment par la simple lecture, sans avoir besoin d'aucun développement.

Une de ces modifications a pour objet de préciser que les décisions du syndicat seront obligatoires, même pour les intéressés qui n'auront pas donné expressément leur adhésion lors de la formation de l'association.

La lecture de l'exposé des motifs établissait bien que telle était l'intention du rédacteur du projet de Code, mais cette intention ne nous a pas paru ressortir d'une façon suffisante par l'emploi du mot *associés*, qui, employé seul, sans être suivi d'aucune explication, pouvait être considéré comme s'appliquant uniquement à ceux dont l'adhésion avait été expressément formulée.

Notre nouvelle rédaction a pour objet de préciser que le consentement n'est pas une condition nécessaire pour être considéré comme associé.

Les principes adoptés par la commission sont résumés dans les sept résolutions ci-après :

RÉSOLUTIONS.

I. De nouvelles mesures législatives sur les chemins ruraux sont nécessaires et urgentes.

La Société des agriculteurs de France émet le vœu que le titre relatif aux chemins ruraux soit détaché de l'ensemble du projet de Code rural et soumis, sans aucun retard, aux délibérations du Corps législatif.

II. Les chemins ruraux sont les chemins appartenant aux communes, affectés à l'usage du public, qui n'ont pas été l'objet d'un arrêté de classement vicinal.

III. La reconnaissance du caractère public de tous les chemins ruraux actuellement existants sera faite dans le délai d'un an après enquête, conformément aux délibérations du conseil municipal, par arrêté du maire approuvé par le préfet.

L'arrêté de reconnaissance sera notifié par voie administrative à chaque riverain en ce qui concerne sa propriété.

Cet arrêté établira la possession légale de la commune, s'il n'est pas contesté dans le délai d'un an et un jour à partir de la notification.

IV. La législation des chemins vicinaux sur l'imprescriptibilité, la police, l'alignement, les autorisations de planter, de réparer, le redressement, l'ouverture, le déclassement de la voie, sera applicable aux chemins ruraux.

V. Les communes auront le droit de s'imposer des charges spéciales destinées aux travaux des chemins ruraux.

VI. Dans le cas où la commune ne pourrait ou ne voudrait pas réparer, ouvrir ou entretenir un chemin rural, la majorité des intéressés pourra, sous certaines conditions de nombre et d'importance des intérêts, constituer un syndicat chargé des travaux avec ou sans le concours de la commune.

VII. Les décisions du syndicat régulièrement prises seront obligatoires pour tous les intéressés.

M. LE RAPPORTEUR fait suivre la lecture de son travail de quelques développements, qui sont vivement applaudis.

M. LE PRÉSIDENT propose d'ouvrir la discussion séparément sur chacune des sept résolutions soumises à l'assemblée.

Cette proposition est adoptée.

PLUSIEURS MEMBRES présentent des amendements sur les cinq premières résolutions.

Après les réponses du rapporteur, les amendements proposés sont retirés ou repoussés, et les cinq premières résolutions sont adoptées à la presque unanimité.

Sur la sixième résolution, M. VICTOR LEFRANC exprime la crainte que la commission ne donne aux syndicats des pouvoirs exorbitants, constituant un véritable danger pour la propriété individuelle : comment admettre qu'on leur accorde un droit d'expropriation pour l'*ouverture* des chemins ruraux? La sixième résolution doit être repoussée.

PLUSIEURS MEMBRES demandent la suppression du mot *ouvrir* dans l'énumération que contient la sixième résolution.

M. LE RAPPORTEUR répond qu'il n'a pas pouvoir de la commission pour consentir, en son nom, à la suppression demandée.

Son avis personnel est que le mot *ouvrir* ne présente pas les dangers qu'on prévoit.

Les craintes qu'on manifeste sont fondées sur une confusion : la sixième résolution n'a nullement pour objet de donner aux syndicats un pouvoir d'expropriation. Ce pouvoir est réglé par la quatrième résolution, qui vient d'être adoptée sans objection; il est réglementé pour les chemins ruraux avec toutes les garanties qui existent pour les chemins vicinaux.

La sixième résolution ne doit rien changer à cet état de choses, elle n'a pas pour but de donner aux syndicats *un droit de classement* des chemins ruraux, mais une simple faculté d'intervention destinée à *aider financièrement* les communes quand celles-ci ne veulent ou ne peuvent faire les dépenses nécessaires à l'ouverture, à la réparation ou à l'entretien d'un chemin rural. Mais pour être l'objet de cette intervention purement financière, le chemin doit avoir été préalablement classé comme chemin rural, et il ne peut l'être qu'après l'observation de toutes les formalités qui servent de garantie à la propriété.

Cependant si, malgré ces explications, la rédaction proposée par la commission laissait subsister une équivoque dans l'esprit de l'assemblée, on devrait, selon le rapporteur, non pas rejeter la résolution, mais rejeter seulement le mot qui a motivé les critiques. Ce changement ne porterait aucune atteinte aux principes essentiels du projet. (*Très-bien!*)

La suppression du mot *ouvrir* est votée à la majorité.

La septième résolution ne soulève aucune objection.

L'ensemble des résolutions est adopté à l'unanimité des votants.

—o∘⚬∘o—

SESSION GÉNÉRALE DE 1873.

Séance du 4 février.

RAPPORT

de M. Bordet sur les chemins ruraux.

MESSIEURS,

Je ne pense pas avoir besoin de rappeler à l'assemblée combien la question des chemins ruraux est importante pour l'agriculture. Les chemins ruraux, nous le savons tous, sont ceux qui servent le plus, et pour conduire les fumiers et pour rentrer les récoltes, et s'ils étaient en très-bon état, ce qui malheureusement n'est pas, ce serait pour l'agriculture générale une économie considérable. Si on voulait essayer de chiffrer cette économie, on pourrait faire le calcul suivant : Nous savons tous que sur un chemin en très-bon état un cheval peut conduire une charge presque double de celle qu'il peut traîner sur un chemin en mauvais état. Supposons que nos chemins ruraux soient en très-bon état, et que ce soit pour l'agriculture moyenne, pour le petit agriculteur (nous en avons un grand nombre en France), que ce soit une économie moyenne et annuelle de 25 ou 30 francs par chaque agriculteur, — c'est un calcul très-arbitraire, mais enfin c'est pour fixer mes idées, — multipliez ce chiffre par 3 millions d'agriculteurs, vous arriverez par année à une économie de 80 ou 100 millions. Je le répète, ce calcul est très-arbitraire, mais je le fais pour fixer les idées et prouver combien cette question est importante, capitale pour l'agriculture.

La Société des agriculteurs de France, dès sa constitution, s'est occupée de cette question, et, en 1870, vous avez déjà entendu un rapport très-détaillé et très-complet de M. Labiche. Nous avons tous voté les résolutions qu'il nous a proposées, et qui contenaient le principe d'un nouveau projet de loi que nous demandons en ce moment. Le Code rural venait d'être présenté au Corps législatif en 1868, et contenait comme titre Ier tout un ensemble de lois sur les chemins ruraux. Nous demandions que ce projet de loi fût détaché du Code rural, qui demandait trop de temps pour être achevé complétement, et présenté spécialement et sous forme de projet de loi au Corps législatif. Nous demandions surtout que les communes qui ont terminé leurs chemins vicinaux pussent porter leurs ressources spéciales sur les chemins ruraux, ce qui était interdit jusqu'alors par la loi de 1836.

Le gouvernement d'alors a fait droit en partie à notre demande, et à peine avait-il reçu le vœu de la Société des agriculteurs de France, qu'il présentait et faisait voter au Corps législatif la loi du 21 juillet 1870, qui accordait aux communes ayant terminé leur chemins vicinaux, le droit de porter le tiers de leurs prestations sur les chemins ruraux.

C'était donc, vous le voyez, une amélioration considérable, car il y avait à cette époque déjà 5,000 communes qui avaient terminé leurs chemins vicinaux, et, aux termes de la loi de 1836, elles ne pouvaient pas porter leurs ressources devenues libres sur les chemins ruraux ; elles ne pouvaient pas les y porter, parce que la loi de 1836 le défendait expressément.

Ainsi, la première amélioration obtenue par notre Société, c'est que les communes qui avaient terminé leurs chemins vicinaux ont pu porter, à partir de 1871, le tiers de leurs prestations sur leurs chemins ruraux.

Mais, messieurs, 5,000 communes sur 36,000 ne représentent pas une forte proportion de la France agricole. Il restait plus de 30,000 communes qui n'avaient pas terminé leurs chemins vicinaux, et qui avaient à faire à la fois leurs chemins ruraux et vicinaux. Eh bien ! le projet de loi présenté ne faisait rien pour elles.

L'année dernière, quand la 9e section, chargée d'étudier cette question, s'est trouvée en présence de cette situation, elle a alors reconnu que la loi de 1870 était complétement insuffisante, et qu'il fallait absolument faire quelque chose pour les 30,000 communes qui restaient avec leurs chemins ruraux dans l'état déplorable que vous connaissez. Eh bien! que faut-il faire aujourd'hui pour ces chemins ruraux? Il est évident qu'il y a deux choses capitales à faire : d'abord améliorer leur état légal, et ensuite améliorer, si on peut, leur état matériel qui est en général détestable; car vous savez, par les détails que j'ai donnés dans mon rapport et que je ne veux pas répéter ici, que les chemins vicinaux absorbent toutes les ressources des communes. On a tout sacrifié pour terminer une partie des chemins vicinaux dans un délai rapide. Je crois qu'on a bien fait, mais il reste à voir s'il est absolument impossible de faire quelque chose pour les chemins ruraux.

C'est là la question que nous nous sommes posée, et nous avons vu tout de suite qu'il y avait des réclamations considérables, qu'on demandait qu'on fît quelque chose pour améliorer l'état des chemins ruraux, leur état légal et leur état matériel. Cet état légal, messieurs, est peu connu; il y a encore beaucoup de personnes qui ont peine à distinguer (et on le comprend très-bien, car ce sont des distinctions juridiques qui ne sont pas répandues dans le public, ce sont des distinctions subtiles), il y a beaucoup de personnes qui ont peine à distinguer, je ne dirai point un chemin rural d'un chemin vicinal, car il y a là un classement catégorique facile à saisir, mais là où est la difficulté, c'est de distinguer un chemin rural d'un sentier d'exploitation, surtout dans les communes du centre et de l'ouest de la France où les communes sont peu agglomérées et divisées en beaucoup de hameaux, de petites sections ou de maisons isolées. Eh bien! on ne sait pas si les chemins qui conduisent de l'une de ces fractions de la commune à l'autre sont des chemins ruraux, intéressant toute la commune, publics par conséquent et devant être mis à la charge de la commune, ou s'ils doivent être laissés à la charge des particuliers vers les maisons desquels ils conduisent plus directement.

C'est là, messieurs, une grande difficulté qui a arrêté de tout temps les classements provisoires ou définitifs qu'on a tentés pour les chemins ruraux plusieurs fois déjà, et notamment en 1839.

M. Duchâtel, ministre de l'intérieur, avait prescrit à cette époque de faire dans toutes les communes une reconnaissance des chemins ruraux. Il voulait que dans chaque commune le conseil municipal distinguât bien nettement les chemins ruraux des chemins vicinaux et des chemins d'exploitation. Mais ce travail n'était pas obligatoire, et, s'il fut fait dans quelques communes, il ne fut pas fait dans beaucoup d'autres, et dans beaucoup de celles où il a été regardé comme obligatoire et fait, il n'a pas laissé de traces.

Eh bien! messieurs, le Code rural de 1868, présenté au Corps législatif, reconnaissait le vice de ce premier essai tenté en 1839, et il consacrait une bonne partie de son projet de loi à établir un nouveau classement, ou ce qu'il appelait un tableau de reconnaissance des chemins ruraux dans chaque commune. Il ne rendait pas jusqu'à un certain point la question obligatoire, et il fixait un délai pour l'accomplir, mais il attachait une très-grande importance à ce que dans chaque commune il y eût enfin un tableau, faisant titre pour la commune, de tous les chemins que le conseil municipal aurait considérés comme des chemins ruraux.

Messieurs, c'est là l'amélioration de l'état légal des chemins ruraux. Nous avons considéré que c'était là la première mesure à demander, à demander énergiquement et à rendre obligatoire, et quoique nous ne l'ayons pas dit, je crois que l'on serait amené probablement à fixer un délai, afin qu'en 1880, quand le premier réseau subventionné des chemins vicinaux sera terminé, on puisse alors prendre les chemins ruraux les plus utiles (quand ils auront été reconnus et classés), on puisse en créer un nouveau réseau qui participe aux subventions des chemins vicinaux.

Nous avons donc pensé, dans la 9ᵉ section, qu'avant tout il fallait persister dans la résolution qu'avait prise le Conseil d'État, en demandant la reconnaissance, par un tableau régulier et légal, de tous les chemins ruraux dans toutes les communes. Nous avons pensé que c'était là la première amélioration indiquée comme très-importante à demander, et nous avons reproduit la résolution que vous avez votée en 1870, sur le rapport de M. Labiche, et qui déclarait ceci : qu'une loi sur les chemins ruraux était nécessaire et urgente, loi ayant pour but d'établir ce tableau légal et régulier des chemins ruraux, dont j'avais l'honneur de parler tout à l'heure.

Ainsi, je crois que nous sommes d'accord sur ce point, qu'il faut absolument faire sortir, dans toutes les communes, les chemins ruraux de cet état vague, incertain, qui les expose sans cesse à être confondus avec d'autres, à être usurpés, dégradés; et qui nous donne une idée déplorable de la négligence administrative dans beaucoup de communes. En un mot, je crois qu'il faut absolument leur donner un état civil, un état légal.

Mais, messieurs, pour cela, c'est une amélioration légale et, comme on peut dire, sur le papier. L'amélioration matérielle serait bien plus utile et réclame encore bien plus vivement votre attention. Eh bien ! voyons si elle est possible : nous avons maintenant déjà la totalité des communes qui peuvent être imposées au maximum de 5 centimes et de trois journées de prestation pour les chemins vicinaux. Faut-il créer une quatrième classe de chemins, qui comprendrait les chemins ruraux, qui formerait un quatrième réseau, et qui aurait pour elle des ressources obligatoires semblables à celles qui furent fournies par la loi de 1836, ressources qu'on pourrait fixer à une ou deux journées de prestation de plus, à 1, 2 ou 3 centimes additionnels de plus?

Certainement, messieurs, il y a beaucoup de bons, d'excellents esprits qui inclinent vers ce moyen et qui voudraient que toutes les communes votassent encore de une à deux journées de prestation, de 1 à 3 centimes pour ces chemins ruraux. Messieurs, certainement, par ce moyen on arriverait à améliorer promptement la situation matérielle de ces chemins. Mais ne sera-ce pas, surtout dans les circonstances actuelles, une grosse charge? Nous savons tous (car beaucoup d'entre nous sont maires de communes rurales) qu'un grand nombre d'entre elles sont déjà bien chargées. Doit-on imposer à toutes les communes sans distinction, qu'elles soient gênées ou qu'elles ne le soient pas, une charge aussi lourde? Ne serait-ce pas dépasser la mesure? D'un autre côté, ne rien faire du tout que ce tableau légal dont nous avons parlé, ce ne serait pas assez.

Eh bien! dans cette incertitude, nous avons pris un terme moyen. Nous vous proposons, comme vous l'avez voté en 1870, une résolution qui autoriserait, qui ne forcerait pas, mais qui autoriserait seulement les communes pouvant et voulant s'imposer de nouvelles charges, à le faire en faveur de leurs chemins ruraux, mais qui au moins n'obligerait pas toutes les communes qui ne le peuvent pas et ne le veulent pas, à supporter les mêmes charges que les autres. Quand la loi de 1836 a paru, elle a imposé en faveur des chemins vicinaux des charges générales, elle n'a fait de distinction pour personne. Tout en laissant aux communes qui n'avaient pas des ressources suffisantes la latitude de voter un certain nombre de centimes, elle leur a imposé un maximum général de trois journées de prestation et de 5 centimes additionnels.

La position est maintenant bien différente. Il y avait alors un vaste réseau à établir. On engageait les communes à améliorer leurs chemins vicinaux, mais on ne les obligeait à les terminer que dans un délai de 30 ans, 50 ans même. Cette loi de 1836 a un petit article, très-court, l'article 5, par lequel les communes qui se refusent à exécuter leurs chemins vicinaux, peuvent être imposées par le préfet. Cette prescription obligatoire était nécessaire, parce qu'il fallait à tout prix engager les communes à travailler à leurs chemins vicinaux. Mais aujourd'hui, messieurs, nous avons déjà 300,000 à 400,000 kilomètres de chemins vicinaux faits, les autres s'achèvent rapidement, et pour les chemins ruraux, il n'y a pas lieu d'imposer à toute la France une charge générale et obligatoire comme on l'a fait en 1836 pour les chemins vicinaux.

Ainsi donc, notre conclusion est celle-ci: En ce qui touche l'amélioration matérielle des chemins ruraux, c'est de donner à toutes les communes le droit qu'elles n'avaient pas auparavant de s'imposer toute espèce de charge en faveur de leurs chemins ruraux. Nous ne fixons pas de chiffre, ni maximum, ni minimum, mais nous demandons que, par une large rédaction, les communes puissent voter à leur budget, en faveur de leurs chemins ruraux, toutes les ressources qu'elles voudront. Or, vous savez, aujourd'hui il ne leur est pas permis de prendre sur les ressources du budget. Elles ne le peuvent que par des moyens détournés, au moyen de ressources extraordinaires. Eh bien! nous voulons que par la loi à intervenir les communes puissent voter, et sur le budget extraordinaire, toutes les ressources qui leur sont nécessaires en faveur des chemins ruraux.

Voilà, messieurs, les deux principales considérations sur lesquelles votre 9e section s'est fondée pour adopter les résolutions qu'elle va soumettre à votre vote. Comme cela avait été décidé par le conseil de votre Société, notre projet de résolution a été envoyé au conseil général de chaque département. Malheureusement les conseils généraux sont si occupés que beaucoup d'entre eux n'ont pas jugé à propos de traiter immédiatement cette question des chemins ruraux. Un grand nombre a jugé à propos d'ajourner cette étude à la session d'avril ou à une session ultérieure. Mais néanmoins nous avons reçu les réponses de 25 conseils généraux, sur lesquels 22 approuvent complétement notre projet de résolution, et 2 ou 3 autres approuvent avec certaines restrictions. Ainsi nous pouvons donc compter sur l'appui de 22 conseils généraux. Il est certain qu'à la session d'avril ou plus tard la question sera étudiée par d'autres conseils généraux qui se rangeront à notre avis, ou adopteront une autre opinion dont nous vous rendrons compte l'année prochaine. Quant à aujourd'hui, messieurs, je ne veux pas rentrer dans les détails de mon rapport que vous avez sous les yeux. Je vous propose, au nom de la 9ᵉ section et de la commission spéciale, de voter de nouveau les résolutions que vous avez adoptées en 1870 sur le rapport de M. Labiche. Nous n'avons fait à ces résolutions que des changements de très-peu d'importance, et j'ai l'honneur de vous proposer de vouloir bien voter ces résolutions, dont je vais donner lecture :

1° Une loi spéciale sur les chemins ruraux est nécessaire et urgente.

La Société des agriculteurs de France émet le vœu que cette loi soit présentée et votée le plus tôt possible, sans attendre la solution à donner aux projets de Code rural.

2° Les chemins ruraux sont les chemins appartenant aux communes, affectés à l'usage du public, qui n'ont pas été classés comme chemins vicinaux.

3° La reconnaissance du caractère public de tous les chemins ruraux actuellement existants sera faite, après enquête, et conformément à l'avis du conseil municipal, par arrêté du maire approuvé par le préfet.

L'arrêté de reconnaissance sera notifié par voie administrative à chaque riverain en ce qui concerne sa propriété.

Cet arrêté établira la possession légale de la commune, s'il n'est pas contesté dans le délai d'un an et un jour à partir de sa notification.

4° La législation des chemins vicinaux sur l'imprescriptibilité, la police, l'alignement, le redressement, l'ouverture, le déclassement de la voie, les extractions de matériaux, les subventions spéciales, sera applicable aux chemins ruraux.

5° Les communes auront le droit de s'imposer des charges spéciales destinées aux chemins ruraux.

6° Dans le cas où la commune ne pourrait pas ou ne voudrait pas réparer ou entretenir un chemin rural, la majorité des intéressés pourra, sous certaines conditions de nombre et d'importance des intérêts, constituer un syndicat chargé des travaux, avec ou sans le concours de la commune.

7° Les décisions du syndicat, régulièrement prises, seront obligatoires pour tous les intéressés.

8° Les chemins de desserte et sentiers d'exploitation qui ne servent qu'à la communication entre divers héritages sont la propriété indivise des maîtres de ces héritages, à moins de titre ou de possession contraire.

Tous les propriétaires dont ils desservent les héritages sont tenus les uns envers les autres de contribuer, dans la proportion de leur intérêt, à leur entretien et à leur réparation.

Les articles 1, 2, 3 et 4 sont successivement lus par M. le président, mis aux voix et adoptés.

M. LE COMTE DE VANSSAY. Je demande la permission de dire quelques mots de ma place, sur l'article 5.

Je n'ai que deux mots à dire. Je voudrais que cet article fût rayé. Tant que la propriété rurale sera aussi mal représentée qu'elle l'est aujourd'hui dans les conseils municipaux, je demande que les communes ne soient appelées à voter aucune espèce de charge pour les chemins ruraux. (*Réclamations.*) Beaucoup de conseils municipaux ne renferment dans leur sein aucun propriétaire. (*Bruit.*)

M. LE PRÉSIDENT. Cette proposition est-elle appuyée? (*Non! non!*)

UNE VOIX. Ceux qui demandent les chemins ruraux sont des propriétaires.

M. LE COMTE DE VANSSAY (*à la tribune*). Messieurs, je demande que l'article en question soit rayé de vos résolutions. Ma raison est celle-ci: il y a des conseils municipaux où la propriété n'est pas du tout représentée, et quant à la manière dont les questions se traitent dans les réunions des conseils municipaux, la discussion n'y est pas possible. (*C'est vrai!*) Je demande donc qu'il ne dépende pas de la commune de s'imposer pour tel ou tel chemin rural, et qu'on s'en tienne aux syndicats.

M. LE COMTE DE ROYS. Je demande la parole.

Messieurs, je viens soutenir la proposition de la commission. Je crois qu'il est absolument indispensable, pour entretenir les chemins vicinaux et ruraux, d'autoriser les communes à s'imposer. L'observation du préopinant serait juste si les propriétaires n'étaient pas les premiers intéressés à la construction des chemins. Mais de deux choses l'une, messieurs : ou les conseils municipaux autoriseront la perception, et alors les propriétaires n'auront pas à se plaindre, ou ils la refuseront, et alors les propriétaires organiseront des syndicats.

Je ne vois donc aucune espèce de danger dans les propositions de la commission. (*Très-bien! très-bien!*)

M. LE PRÉSIDENT. Quelqu'un demande-t-il la parole? Je mets aux voix l'article 5.

Les articles 5, 6, 7 et 8 sont successivement adoptés.

M. LE PRÉSIDENT. Chacun des articles étant adopté, je mets aux voix l'ensemble.

L'ensemble des résolutions est mis aux voix et adopté.

SESSION GÉNÉRALE DE 1877.

Dans sa séance du 21 février 1877, la Société des agriculteurs de France a voté la résolution suivante, sur le rapport de M. DESSAIGNES :

« La présentation au Sénat du projet de Code rural est l'occasion pour la Société de renouveler une fois de plus les vœux qu'elle a formulés à la suite de l'étude et de la discussion des différentes parties d'un projet de Code rural soumis à ses délibérations, et dont le projet actuel est la reproduction textuelle.

« La Société, en renouvelant ces vœux, appelle l'attention du Sénat sur les modifications par elle proposées et décide qu'une copie de ses résolutions sera envoyée à la commission du Sénat.

« Elle insiste particulièrement sur les résolutions votées par l'Assemblée dans les séances des 11 février 1873 et 23 mars 1876, tendant à ce que la matière des chemins ruraux soit détachée du projet de Code rural et fasse l'objet d'une loi spéciale votée le plus tôt possible.

« Toutefois, à la suite d'une nouvelle délibération sur la résolution portant le n° 4, l'assemblée supprime le droit d'*ouverture* emprunté à la loi de 1836 sur les chemins vicinaux et s'en tient sur ce point au projet du Gouvernement. »

TITRE II.

DU PARCOURS, DE LA VAINE PATURE.

(Art. 34 à 44.)

SESSION GÉNÉRALE DE 1873.

Séance du 15 février.

RAPPORT

de M. de La Teillais sur le parcours et la vaine pâture.

MESSIEURS,

Dans les temps et les contrées où la population était peu nombreuse, la terre était sans valeur ; on ne songeait pas à demander à la culture de multiplier les produits sur des espaces que l'homme pouvait à peine parcourir ; le seul parti qu'on en pût tirer était de les livrer à la libre dépaissance des troupeaux. Nomade et pastorale, telle a été la constitution de tous les peuples aux débuts de la civilisation. A l'heure actuelle, ces habitudes se retrouvent encore dans toute leur vigueur dans les vastes plaines de l'Amérique et dans tous les pays peu peuplés. En Europe, l'accroissement de la population et de ses besoins ne leur a pas permis de se continuer, si ce n'est dans quelques steppes de la Russie et dans quelques rares cantons qu'une situation exceptionnelle rend impossibles à cultiver.

Nous pouvons le dire sans crainte de contradiction, le parcours et la vaine pâture sont des institutions d'un autre âge. Ce n'est pas au moment où la terre est grevée de charges si énormes, où la culture et ceux qui la dirigent s'appliquent à des dépenses d'amélioration aussi importante que les défoncements, les drainages, les amendements, etc., ce n'est pas à ce moment qu'il peut être question de vaine pâture, de donner le droit à tout venant de profiter, même par ce moyen indirect, des sacrifices que j'aurai faits sur mon sol. L'exercice d'un tel droit serait contraire à toute idée de justice, comme il est contraire aux idées que nous avons sur la propriété, et qui, il faut en convenir, deviennent de plus en plus étroites et exclusives, à mesure que la propriété elle-même se resserre en se morcelant. Parce que l'intérêt social exige que la terre donne les plus grands produits possibles, il exige dès lors qu'elle soit maintenue en entière possession et jouissance à celui à qui elle appartient à titre de propriétaire ou fermier. Tout usage contraire est le vestige d'un ancien état de choses qui n'a plus sa raison d'être, et les besoins de la civilisation, en remplaçant les habitudes pastorales par des cultures de plus en plus intensives, ont effacé successivement ces traces dans les législations et dans les coutumes des diverses nations de l'Europe.

La Suisse avait supprimé le parcours dès le commencement du dix-huitième siècle, la Prusse (1763), la Suède (1767). La Belgique et la Hollande le supprimèrent vers la même époque. Cette suppression, opérée en Angleterre en dépit des Communes, avait commencé à produire, dès la fin du dix-huitième siècle, des résultats que l'agronome Nichols évalue à une augmentation de moitié dans la production du bétail et de deux tiers dans la production des grains. En France, à partir de 1769, où le Béarn s'était prononcé pour une mesure analogue, le duché de Bar, l'Auxerrois, la Flandre, la sénéchaussée de Saumur, puis ensuite la Lorraine, la Bourgogne, la Champagne, le Roussillon, s'affranchirent successivement du parcours et de la vaine pâture.

Le législateur de 1791 ne pouvait avoir l'intention de remonter les siècles à l'envers des progrès de l'esprit et de l'industrie de son époque; mais au milieu de l'ébranlement profond des hommes et des choses, alors que la propriété était bouleversée dans sa base, a-t-il craint de susciter un trouble nouveau? a-t-il eu la secrète pensée d'une revanche du même peuple sur les grands tenanciers? Toujours est-il qu'il s'est borné à apposer des restrictions aux droits de parcours et vaine pâture sans les supprimer entièrement.

Depuis lors, les réclamations n'ont pas cessé de se produire en faveur d'une suppression complète. MM. Husard et Texier, agronomes éminents chargés de cette partie du Code rural, écrivaient : « La « faculté du parcours et de la vaine pâture présente des obstacles « insurmontables à la destruction des jachères, destruction si impor- « tante pour l'agriculture; elle empêche de former des prairies artifi- « cielles qui resteraient exposées aux ravages des bestiaux. C'est cet « usage qui propage et perpétue les épizooties, tellement que pour les « arrêter on commence toujours par supprimer le parcours, la vaine « pâture, et par cantonner les bestiaux. D'ailleurs la liberté de mener « les bestiaux sur tous les champs est une atteinte à la propriété. « Déjà depuis longtemps plusieurs communes s'en sont affranchies « elles-mêmes par des conventions entre elles; d'autres ne l'ont pas « fait par crainte ou rebutées par les difficultés. Mais les inconvénients « de la vaine pâture ont été également ressentis partout. Tous les in- « téressés réclament la suppression de cet usage. Il résulte de la pres- « que totalité des réponses aux questions faites par le ministre, que « cette suppression est considérée comme un des plus puissants moyens « de faire prospérer l'agriculture française. »

Trois projets ont été soumis au pouvoir législatif : en 1808, sur le rapport de M. Vermeille; en 1836, rapport de M. Magnoncourt, et en 1838, rapport de M. Gillon. Les événements leur ont fait le sort que la législation rurale a toujours eu jusqu'à ce jour. Enfin le rapport présenté récemment au Conseil d'État constate que, parmi les départements consultés sur cette question, une très-petite minorité s'est prononcée en faveur de l'état de choses actuel. C'est en s'appuyant sur ces autorités et surtout sur l'état et les besoins de la culture et de la propriété que votre commission a adopté le principe de la suppression de ces droits, et, dans les circonstances où cette suppression ne pourrait se réaliser immédiatement sans léser trop d'intérêts, elle y a apporté des restrictions qui doivent préparer la suppression à bref délai.

D'après tous les anciens jurisconsultes, la vaine pâture prenait le nom de parcours quand elle s'exerçait en dehors des limites de la commune, c'est-à-dire d'une commune à une autre commune. Alors même qu'on pourrait admettre que la vaine pâture s'exerçant dans la circonscription d'une commune (d'un groupe d'habitants ayant une certaine communauté d'intérêts et de droits), pourrait avoir quelques raisons pour être maintenue, assurément il ne saurait exister aucun motif pour en autoriser l'extension à une autre ou à plusieurs autres communes. Ici la pâture ne serait qu'un prétexte ; le résultat c'est le vagabondage toléré, facilité, organisé sous le couvert de la loi. Il ne pouvait donc exister d'hésitation, ni dans votre commission, ni chez les auteurs du projet de Code rural, pour proposer la suppression immédiate et complète du droit de vaine pâture s'exerçant d'une commune à une autre commune. Cette suppression prononcée, on a prévu le cas, bien rare sans doute, où le droit de parcours aurait pu être acquis à titre onéreux. La suppression d'un droit acquis à titre onéreux est une véritable expropriation, et toute expropriation appelle une indemnité, indemnité dont les auteurs du projet de Code rural ont avec raison confié le règlement aux conseils de préfecture. Effectivement, ce n'est point un débat entre particuliers, c'est une affaire de commune à commune, et les contestations de ce genre sont du ressort des tribunaux administratifs.

Nous arrivons à la vaine pâture proprement dite, que nous définirons : le droit qu'ont les habitants d'une même commune d'envoyer leurs troupeaux, dans des proportions déterminées, sur les terres appartenant à autrui non closes et dépouillées de leurs récoltes. Il est bien entendu qu'il ne peut être question ici ni des droits d'usage dans les forêts, lesquels sont réglés par le Code forestier, ni des terrains appartenant en propriété aux communes et dont celles-ci peuvent abandonner la jouissance, ou en tirer tel parti qu'il leur convient.

Cette servitude de vaine pâture est un dernier vestige d'un autre âge, d'une constitution de la propriété qui ne s'accorde plus avec notre état social. Aujourd'hui, celui qui est propriétaire veut l'être sans partage ; ce n'est qu'à cette condition qu'il apportera au sol le capital et le travail nécessaires pour le féconder. Le pâturage même exercé par soi-même sur son propre terrain est condamné par les progrès de la culture et par les besoins de la consommation. Quand la terre et les produits de la terre ont acquis une grande valeur, la façon la plus onéreuse de cultiver son sol c'est assurément de ne pas le cultiver du tout. Une culture incessante et intensive peut seule donner des résultats rémunérateurs, et doit être le but de tous ceux qui dirigent les populations agricoles. Plus de pâturages ; plus surtout de ces pâturages nomades où les domaines les mieux cultivés étant confondus parmi les terres les plus pauvres ; chacun pourra profiter des sacrifices faits en vue d'améliorations dont l'auteur ne peut pas lui-même recueillir tous les fruits. Affirmons-le très-positivement : suppression de la vaine pâture. Que si, à l'encontre des considérations agricoles, on voulait faire valoir des considérations philanthropiques, il nous serait aisé de démontrer que cet usage de vaine pâture est une école d'immoralité et de pillage ; école d'immoralité pour les jeunes enfants, garçons et filles réunis ensemble pendant tout le jour et sans surveillance, à la suite des troupeaux de la contrée ; incitation au pillage pour les possesseurs d'animaux, qui, au lieu de louer un champ ou un pré pour les nourrir, comptent en partie sur le pâturage et en grande partie sur ce qu'ils peuvent dérober aux cultures voisines.

Il y a donc toutes raisons pour maintenir le principe absolu de la suppression ; mais plus nous serons fermes sur ce principe, plus nous serons disposés à admettre tout ce qui peut éviter les secousses dans son application. Il y a dans certaines localités des habitudes établies, et nous ne voulons porter nulle part la perturbation. Si certains usagers entretiennent des troupeaux plus nombreux, ou ont des dispositions quelconques prises en raison des coutumes en vigueur, il faut qu'ils aient le temps de prendre d'autres mesures, soit pour retenir leurs troupeaux sur leurs propres terres, soit pour prendre d'autres terres à loyer, soit pour réduire le nombre de leurs animaux. Nous proposons donc de décider que la vaine pâture sera supprimée, mais seulement cinq ans après la promulgation de la loi que nous sollicitons.

On doit encore prévoir, dans un pays qui présente, comme la France de si grandes différences dans les habitudes culturales, que certaines localités, bien restreintes sans doute, pourraient trouver des avantages au maintien de la vaine pâture. Les conseils municipaux et les conseils généraux, qui sont les représentants du pays, seront les appréciateurs de ces situations spéciales, et la loi générale pourra fléchir devant leur décision quand ils auront constaté une utilité sérieuse pour le maintien de la vaine pâture. Ainsi, malgré le principe général et absolu de la suppression, satisfaction complète pourra être donnée aux localités dont la situation exceptionnelle réclame le maintien d'un état de choses qui n'a plus de raison d'être dans l'état général de la culture.

La loi de 1791, qui régit actuellement la matière soumise à nos délibérations, avait proscrit la vaine pâture sur les terrains clos ou réputés en défends, et sur les prairies artificielles. Dans les circonstances, quoique bien rares assurément, où la vaine pâture pourra continuer à s'exercer, et, dans tous les cas, pendant le délai accordé par la loi elle-même, nous pensons que l'interdiction édictée pour les prairies artificielles doit être étendue aux prairies naturelles et aux terrains ensemencés qui n'ont pas produit leur récolte. Cette dernière exception résulte de l'esprit même de la loi de 1791, et quant aux prairies naturelles, il est bien évident qu'en raison des soins qu'on leur donne depuis quelques années : drainages, irrigations, épierrements, amendements, fumures, elles sont en état de production permanente, et que les regains ou secondes coupes appartiennent à celui qui les cultive, au même titre que la première herbe.

L'usage immémorial, et après lui la loi de 1791 avaient établi comme moyen incontesté de soustraire un terrain à la vaine pâture : la clôture, non pas clôture effective qui, dans bien des cas, exigerait une dépense supérieure à la valeur même du sol, mais une clôture quelconque, clôture symbolique manifestée par quelques signes extérieurs pour lesquels on ne peut que se référer aux usages locaux, tout en maintenant avec énergie ce moyen de protection.

Il est bien entendu que les diverses dispositions que nous venons de soumettre à votre sanction ne s'appliquent pas au cas où les droits qui nous occupent sont consacrés par un titre particulier établissant les droits des usagers les uns envers les autres. En pareil cas, les droits attribués à chacun lui appartiennent en toute propriété, tout comme ses terres et ses maisons. Le titre est la loi spéciale des parties, et les dispositions générales de la loi projetée ne modifient en rien une situation qui ne peut être changée que par le consentement des ayants droit et le rachat des droits stipulés. D'ailleurs, il paraît hors de doute que l'application des mesures générales et les avantages qui en résulteront, détermineront promptement les usagers dans ces situations spéciales à se concerter pour mettre fin à un droit aussi onéreux qu'il est peu profitable.

Nous avons cru devoir vous proposer encore une autre disposition, applicable aux cas où la vaine pâture serait maintenue, soit sur la demande des conseils locaux, soit pour le délai de cinq ans prévu par notre projet. Une faculté sera donnée au propriétaire de fonds assujettis, qui peut être en progrès sur les usages de sa contrée et qui est sans doute prêt à faire des sacrifices pour se soustraire à un droit absolument opposé à une culture améliorante. Entre celui qui cultive bien et celui qui cultive mal, favorisons le premier parce que l'intérêt général y est engagé. S'il a donné à son sol des soins dont le résultat est certainement de le rendre plus productif, qu'il puisse du moins, en échange de son droit de vaine pâture, cantonner ses troupeaux sur son propre terrain, ou bien racheter, à dire d'experts, le droit dont il est grevé. Ainsi on aura rendu un immense service aux progrès de la culture, et nul ne saurait se plaindre, car nul ne sera lésé ni par l'une ni par l'autre des deux hypothèses : cantonnement du réclamant sur son propre terrain, ou rachat en faveur des usagers suivant évaluation d'experts.

Ajoutons que ces dispositions, d'une équité absolue, seront encore un acheminement prompt et certain vers l'abolition complète du droit de vaine pâture, car il suffit de montrer les résultats de cette suppression, et partout où elle a été abolie, nul n'en a jamais réclamé le rétablissement, est-il dit dans le rapport du Sénat à l'Empereur.

Le projet du Code rural consacre d'ailleurs les dispositions de la loi de 1791 quant à la désignation des personnes qui ont le droit d'exercer la vaine pâture et au mode d'exercice de ce droit. Nous vous proposons également cette adoption en tout ce qui n'est pas contraire aux dispositions qui précèdent.

Nous ne nous étendrons point davantage sur les considérations qui ont fait l'objet des études de votre commission sur ce sujet de la vaine pâture, et nous ne saurions, sans abuser de vos instants, prévoir toutes les objections qui peuvent être soulevées. Si quelques-unes pouvaient ébranler vos convictions, nous pensons qu'il nous serait aisé de les réfuter et d'établir d'une manière incontestable que la suppression de ces anciens usages est une condition nécessaire au progrès de la culture de notre pays. La Société des agriculteurs de France doit être le phare qui guide nos cultivateurs vers ce progrès; c'est à elle qu'appartient l'initiative d'une mesure dont l'influence doit être capitale. (*Très-bien! très-bien!*)

M. LE PRÉSIDENT. Personne ne demande la parole?

Je vais mettre aux voix l'article 1er, qui est ainsi conçu :

Abolition du droit de parcours, avec indemnité, s'il a été acquis à titre onéreux.

Cet article est mis aux voix et adopté.

M. LE PRÉSIDENT. Nous passons aux articles 2 et 3, ainsi conçus :

Art. 2. *Abolition de la vaine pâture partout où elle n'est pas fondée sur un titre particulier, mais seulement à partir de 5 ans depuis la promulgation de la nouvelle loi, lorsque la vaine pâture est fondée sur une ancienne loi ou coutume ou sur un usage local immémorial.*

Art. 3. *Maintien de la vaine pâture fondée sur une ancienne loi ou coutume ou sur un usage immémorial, lorsque ce maintien sera demandé par le conseil municipal et le conseil général.*

M. Bordet a demandé la parole sur ces articles 2 et 3.

M. BORDET. Je ne viens pas défendre la vaine pâture comme pratique agricole, mais je crois que la brusque suppression aurait de graves inconvénients. Je sais que cet usage est très-critiqué; Mathieu de Dombasle entre autres disait que la grêle ou un régiment de Cosaques sont moins nuisibles que la vaine pâture; il y trouvait surtout deux grands inconvénients : d'abord de provoquer la déprédation des récoltes, et ensuite d'amener la déperdition des engrais et du fourrage. En ce qui touche la déprédation des récoltes, on peut répondre qu'elle tient surtout à ce que la police est très-mal faite dans les campagnes; c'est donc à la mauvaise organisation de la police rurale qu'il faut s'en prendre et non à la vaine pâture.

En ce qui touche la déperdition des fourrages et des engrais, il est certain, en principe, que la stabulation permanente vaut mieux que la vaine pâture. Mais la plupart de nos petits cultivateurs ne peuvent pas faire de la stabulation permanente. Pour nourrir à l'étable, il faudrait que chacun d'eux allât tous les jours chercher le fourrage dans des champs souvent éloignés, et perdît ainsi une partie de la journée; au lieu de cela, il donne le matin sa vache ou ses moutons au troupeau commun et va de son côté gagner sa journée.

Supposons que la vaine pâture soit supprimée dans les départements où le sol est très-morcelé, comme la Côte-d'Or, l'Yonne, l'Aube, la Haute-Marne, comment feront les éleveurs pour conduire leurs troupeaux dans les champs qui ne sont pas sur les chemins? Il faudra traverser 10 ou 15 parcelles; il faudra donc autant de procès ou d'arrangements qu'il y aura de champs traversés.

Supprimer la vaine pâture aujourd'hui, c'est faire détruire immédiatement au moins un million de moutons, et cela au moment où le prix de la viande tend sans cesse à s'élever. En 1854, la vaine pâture a été supprimée en Corse par une loi; et le premier résultat a été une diminution d'un tiers dans le chiffre des troupeaux.

La loi du 28 septembre 1791, qui traite de la vaine pâture, s'est bien gardée de la supprimer brusquement, mais elle tend à la supprimer peu à peu, en déclarant qu'elle ne peut s'exercer ni sur les terres emblavées ni sur les prairies artificielles; il y a donc là un encouragement pour semer des prairies artificielles, et en même temps les champs qui sont en jachère ne sont pas perdus pour tout le monde: ils servent à élever des troupeaux de moutons qui, sans la vaine pâture, seraient moins nombreux. Il faut donc laisser à l'agriculture tous les moyens qu'elle a de se développer; tous les modes sont bons quand ils servent à quelqu'un ou à quelque chose.

En 1865 et 1866, les commissions départementales formées pour donner leur avis sur le projet de Code rural ont émis des opinions très-diverses, et cela étant, il a paru sage de ne pas adopter de système absolu. Le Conseil d'État a donc pensé qu'il serait imprudent de supprimer brusquement et partout un usage aussi ancien, et qu'il valait mieux le réglementer, tout en laissant chaque département et chaque commune à même d'en obtenir au besoin la suppression. L'article proposé dans le projet de Code rural par le Conseil d'État, en 1868, était ainsi conçu :

« La vaine pâture peut être supprimée dans tout ou partie d'un département, les conseils municipaux préalablement entendus, par une délibération du conseil général approuvée par un décret rendu en Conseil d'État. »

Cette rédaction me paraît plus sage que celle qui vous est proposée par votre commission du Code rural. En supprimant brusquement la vaine pâture, vous causez un grand mal, en faisant tuer un million de moutons, et cela pour un bien douteux, car tout le monde pouvant déjà aujourd'hui semer des prairies artificielles ou d'autres récoltes, votre loi supprimant la vaine pâture ne fera pas ensemencer un hectare de plus.

D'ailleurs, si dans quelques localités comme le département du Nord, par exemple, la vaine pâture n'existe plus qu'à l'état d'exception, la rédaction du Conseil d'État permet de la supprimer.

En résumé, la rédaction du Conseil d'État pose comme principe le maintien de la vaine pâture avec faculté de la supprimer dans certains cas; la rédaction de votre commission pose comme principe la suppression de la vaine pâture avec faculté de la conserver au besoin.

Je crois, quant à moi, que la rédaction du Conseil d'État est plus prudente que l'autre, et que nous devons l'adopter.

M. LE PRÉSIDENT. M. de Lavalette a la parole.

M. DE LAVALETTE. Messieurs, je viens vous demander de conserver la rédaction de la commission. M. Bordet vous a dit que les animaux qui entraient dans les prairies lorsqu'on exerçait la vaine pâture, ne causaient aucun dommage à ces prairies. C'est là une erreur, à mon avis. Vous savez tous, car je ne parle qu'à des praticiens, que lorsque des animaux entrent dans une prairie dont l'herbe est mouillée et abondante, ces animaux y causent un préjudice considérable, et que la récolte diminue dans de larges proportions.

M. BORDET. Je n'ai pas dit que les animaux ne causaient aucun dommage.

M. DE LAVALETTE. M. Bordet vous a dit ensuite que si on supprimait la vaine pâture radicalement, il y aurait une grande diminution dans l'espèce ovine. Je crois que c'est là encore une erreur. Je ne sais pas si la suppression de la vaine pâture amènerait une diminution dans l'espèce ovine, mais je puis affirmer que si cette diminution avait lieu, on aurait une meilleure et bien plus grande quantité de fourrages, et on verrait augmenter l'espèce bovine. (*C'est évident!*) Vous comprenez donc qu'il y a intérêt, et le plus grand intérêt, à supprimer un vieil usage qui n'est plus de notre époque, et qui ne peut plus demeurer devant la culture intensive, car c'est à cette culture surtout que nous devons tendre. (*Très-bien! très-bien!*) D'ailleurs, il y a, messieurs, un article qui doit donner satisfaction à tout le monde. Il est dit dans l'article 3: *Maintien de la vaine pâture fondée sur une ancienne loi ou coutume, ou sur un usage local immémorial, lorsque ce maintien sera demandé par le conseil municipal et le conseil général.* Mais je crois qu'il vaut mieux retourner la proposition de M. Bordet, et dire qu'il faut poser en principe l'abolition de la vaine pâture, et, dans les cas exceptionnels, lorsque le conseil général ou le conseil municipal se seront prononcés, alors autoriser la vaine pâture. (*C'est cela !*) En conséquence, je vous demande le maintien de la rédaction de l'article 3. (*Très-bien ! La clôture !*)

M. LE PRÉSIDENT. La parole est à M. le comte de Roys.

M. LE COMTE DE ROYS. Messieurs, je ne fatiguerai pas longtemps votre attention. Je serai très-bref. Je viens appuyer la proposition de M. Bordet et vous prier de maintenir en principe la vaine pâture. Si vous la supprimez radicalement, que deviendra le droit de ceux qui, d'après la loi de 1791, peuvent envoyer au troupeau commun une vache, son veau et six moutons? Je crois que la Société est aussi soucieuse que possible du bien-être des populations peu aisées des campagnes. C'est à cause de cela que je vous demande de réfléchir et d'adopter la proposition de M. Bordet. Vous pourrez vous réserver d'interdire plus tard, comme l'a fait remarquer l'honorable préopinant, le droit de vaine pâture, parce qu'elle cause des dégâts dans certaines circonstances. Mais sur les champs dépouillés de leurs récoltes, je crois que ce serait une mesure extrêmement oppressive, maladroite, vexatoire, empêchant ceux qui n'ont que leur petit troupeau de l'élever et de le nourrir aux dépens des terrains communaux.

M. LE PRÉSIDENT. M. Guerrapain a la parole.

M. GUERRAPAIN. Messieurs, M. Bordet a cité un département que j'habite, le département de l'Aube. Or, je tiens à vous démontrer que, en disant que la suppression de la vaine pâture est destinée à faire disparaître, sur la surface de la France, un million de moutons, M. Bordet me paraît être dans une erreur fondamentale. J'ai constaté, depuis vingt ans, dans le département de l'Aube, que, au fur et à mesure que les troupeaux des propriétaires ont augmenté, tous les troupeaux communaux disparaissent.

M. LE PRÉSIDENT. La parole est à M. le rapporteur.

M. DE LA TEILLAIS. Messieurs, je n'ai pas besoin de vous dire que le débat se résume en ceci: savoir si on établira le maintien de la vaine pâture avec des exceptions, ou si on en établira l'abolition avec des exceptions; si la vaine pâture sera la règle, ou si elle sera l'exception. Eh bien! je crois que dans l'espèce il suffit de demander ce qui est le plus général, ce qui importe à la généralité de la France. Dans le rapport du Conseil d'État, qu'on a cité, je lis que, *sur quatre-vingt-six, départements, il n'y en a que onze qui élèvent quelques objections contre la suppression immédiate de ce funeste usage.* Peut-on nous dire d'après cela que l'intérêt général est le maintien? Voilà la question. Voulez-vous que je vous dise un mot sur les inconvénients, au point de vue des progrès de l'agriculture, du maintien de la vaine pâture? (*Non! non!*) Sur la suppression du million de moutons? (*Non! non!*) Je pourrais encore ajouter des considérations au point de vue de la morale publique, qui ne trouve point son compte dans cette affaire, mais je crois que ce serait sortir du sujet et entrer dans une discussion que vous ne voulez pas aborder. (*Très-bien! Aux voix!*)

La clôture est mise aux voix et prononcée.

M. LE PRÉSIDENT. Je dois d'abord présenter l'amendement de M. Bordet, c'est-à-dire le maintien de la vaine pâture, sauf exception. La commission propose au contraire la suppression de la vaine pâture, sauf exception.

L'amendement de M. Bordet, mis au voix, n'est pas adopté.

L'ensemble des conclusions est mis aux voix et adopté.

TITRE III.

DISPOSITIONS GÉNÉRALES SUR L'EXPLOITATION DE LA PROPRIÉTÉ RURALE.

(Art. 45 à 47.)

SECTION D'ÉCONOMIE ET DE LÉGISLATION RURALES.

Séance du 28 mars 1874.

BANS DE VENDANGE, DE FAUCHAISON, DE MOISSON.

Rapport verbal fait, au nom de la Commission du Code rural, par M. le comte de Luçay.

Les bans de vendange, de fauchaison et de moisson prennent leur origine dans le droit féodal. Ils avaient pour but d'empêcher que les fruits fussent récoltés avant leur maturité, d'obvier au danger du pillage auquel aurait été exposé un propriétaire si son voisin eût été libre de récolter avant lui, enfin de prévenir les fraudes dans le paiement de la dîme. Il y avait aussi les bans de mars, réglant la réparation des chemins et la suspension de la vaine pâture; les bans d'août déterminant les heures auxquelles les travaux de la moisson doivent commencer et finir ; les bans généraux de police rurale s'appliquant à la chasse, à la pêche, aux cabarets, etc.

La plupart de ces bans sont tombés depuis longtemps en désuétude. Le ban de vendange s'est plus généralement maintenu, subordonné à l'avis préalable des quatre principaux vignerons, ne s'appliquant pas aux vignes closes et n'interdisant pas de différer la récolte.

La loi du 6 octobre 1791, titre Ier, § 5, article 1er, proclame la liberté du propriétaire de faire sa récolte à son gré, mais en maintenant au conseil municipal le droit de faire un ban de vendange pour les vignes non closes.

Les bans de fauchaison et de moisson existent encore dans certains pays. (Arrêté du 14 germinal an VI, art. 17 ; Code pén., art. 475 ; arrêt de cassation, 6 mars 1834.)

C'est le maire actuellement et non le conseil municipal qui proclame le ban (art. 14, loi du 28 pluviôse an VIII ; art. 11 et 19, loi du 18 juillet 1837 ; arrêté de cassation du 6 mars 1834 et 24 juillet 1861), mais en se conformant aux anciens usages locaux (arrêts de cassation du 22 mars 1855 et 24 avril 1858) ; son arrêté est obligatoire de plein droit, sans approbation du préfet (arrêts de cassation, 6 février 1858 et 24 janvier 1861), mais peut être réformé par le préfet (cass., 24 avril 1858) et ne s'applique pas aux héritages clos.

Les auteurs du projet de Code rural de 1808 pensent que le ban des vendanges prévient la maraude, assure la qualité du vin, en empêche la détérioration et lui conserve un crédit bien plus essentiel aux intérêts du propriétaire que l'abondance de sa récolte. Le projet dispose dans ses articles 108, 109, 110 et 111 : « Les préfets pourront ordonner l'établissement des bans de vendange sur la demande de la majorité des propriétaires de vignes d'une commune. Les maires, après avoir consulté les propriétaires de vignes, fixeront le jour de l'ouverture de la vendange. Ceux qui vendangeront avant l'ouverture du ban payeront une amende de 100 francs au moins et de 400 francs au plus. Les vignes closes ne seront pas assujetties à la police des bans. »

Le Sénat, dans son rapport de 1856, dit que les bans de vendange peuvent être utiles, qu'il convient de les conserver en laissant au préfet la faculté de publier des règlements pour en corriger les abus.

La Commission supérieure de l'enquête agricole de 1866 a examiné la question dans sa séance du 18 février 1869. Son rapporteur, M. de Benoist, pour donner satisfaction aux vœux d'un certain nombre de déposants à l'enquête, concluait à l'adoption du principe de la suppression absolue des bans de vendanges, sauf, comme mesure transitoire, à laisser prendre aux conseils municipaux, assistés des plus imposés parmi les intéressés, des mesures de réglementation. La commission supérieure se prononça pour le maintien du ban de vendanges avec la législation actuelle, les maires prenant les règlements à ce nécessaires.

Le projet de Code rural présenté par le Conseil d'État le 16 juillet 1868 décide (art. 45) que, dans les lieux où le ban de vendanges est en usage, il peut être supprimé par une délibération du conseil municipal. Si l'usage est maintenu, il est réglé chaque année par un arrêté du maire. Pour l'avenir, comme dans le passé, les prescriptions relatives aux bans de vendanges ne peuvent être appliquées aux vignes qui sont closes.

Dans certains pays, peu nombreux, il y a des bans de fauchaison, des bans de moisson. Le projet n'en dit rien ; en cela il imite la loi de 1791, et donne l'entière liberté de maintenir ces usages ou de les laisser tomber en désuétude. (Exposé des motifs par M. Bayle-Mouillard, conseiller d'État, rapporteur.) La commission supérieure de l'enquête de 1866 avait voté leur suppression absolue.

Après cet exposé, M. le comte de Luçay propose, au nom de la commission du Code rural, en ce qui concerne les bans de vendanges, moisson et fauchaison, le maintien de la législation actuelle, avec droit de réglementation conféré au maire, sur l'avis du conseil municipal ; approbation de l'arrêté par le préfet ; enfin faculté au préfet, le conseil général préalablement entendu, de procéder par voie de règlement général, soit pour l'ensemble, soit pour une partie du département.

La section émet l'avis que la législation et la jurisprudence actuelles sont suffisantes, et qu'il n'y a lieu de proposer aucun vœu à l'assemblée générale.

TITRE IV.

DU BAIL A COLONAGE PARTIAIRE.

(Art. 48 à 57.)

SESSION GÉNÉRALE DE 1868.

Séance du 23 décembre.

RAPPORT

de M. Le Lasseux sur le métayage.

MESSIEURS,

La neuvième section a été d'avis qu'aux trois points de vue de l'amélioration du sol, de l'amélioration du bétail et de l'amélioration du sort du métayer, le métayage a rendu et est appelé à rendre encore de très-grands services à l'agriculture dans les pays de petite et moyenne culture, où il est plus particulièrement pratiqué.

Sous le rapport de l'amélioration du sol le métayage a de grands avantages sur le fermage à prix d'argent. Le fermier à prix d'argent, pressé d'en trouver pour solder son capital d'aménagement, ainsi que pour payer son fermage annuel, et n'étant jamais certain, à la fin de son bail, qui ne dure généralement que neuf années, d'en reprendre un second, à cause de la concurrence et de l'augmentation périodique des prix d'affermage, se hâte d'écrémer la terre, en exagérant les emblavures des céréales, et il la laisse ainsi fatiguée à son successeur, qui l'imite à son tour ; de là l'épuisement de tant de terres jadis si fécondes.

Le métayer, au contraire, lorsqu'il satisfait son maître par sa probité et son activité, est sûr d'être conservé, parce que le propriétaire n'a pas d'intérêt à s'en séparer. N'étant pas pressé par des besoins d'argent aussi impérieux que le fermier, pourvu que dans les commencements il puisse vivre, ainsi que sa famille, et payer ses domestiques et ouvriers, il a le temps d'attendre le fruit des améliorations faites d'accord et de compte à demi avec son propriétaire.

Tant qu'il continue à bien faire, il est sûr de recueillir le prix de ses sueurs ; il n'a donc pas d'intérêt à épuiser la terre, parce que telle il l'aura faite, telle il la trouvera, lui et le fils qui doit lui succéder.

D'un autre côté, s'il a en entrant un capital égal à celui du fermier, n'ayant à payer que la moitié des bestiaux, des semences et des engrais, il lui reste disponible, pour sa part dans les améliorations, le capital représentant l'autre moitié, sans compter le concours du capital du propriétaire, qui vient s'y joindre dans une proportion au moins égale, et souvent supérieure, lorsque ce propriétaire, en favorisant un fermier probe et intelligent, espère faire progresser plus vivement sa terre, et y trouver une plus prompte augmentation de ses revenus.

Ainsi le métayage, d'un côté, ménage plus la terre, et, de l'autre, par la supériorité du capital disponible, permet d'améliorer davantage le sol.

Par les mêmes motifs, le métayage améliore plus le bétail que le fermage. Le fermier, dans l'espace de neuf années, n'a pas le temps de fonder une étable ; il achète souvent au hasard, et ne recherche que le produit immédiat ; le métayer, d'accord avec son propriétaire, travaille pour l'avenir, connaissant mieux la race qui convient au sol ; à leurs premiers tâtonnements succède l'expérience du premier, aidée des connaissances de l'autre. L'amour-propre même du propriétaire, mis en jeu par le succès de l'étable d'un voisin, contribue à l'amélioration de la sienne, et, de proche en proche, le progrès gagne du terrain, en envahissant toute la région environnante.

L'amélioration du sol et celle du bétail entraînent nécessairement l'amélioration du sort des métayers.

En effet, tout d'abord le propriétaire s'attache à sa métairie par l'augmentation de revenus qu'elle lui donne ; il la visite plus souvent qu'une ferme qui ne lui produit que des revenus, sans lui inspirer l'intérêt d'une amélioration à laquelle il a participé ; il est par là même plus disposé à faire construire à son métayer toutes les étables et les bâtiments nécessaires à la conservation des récoltes, dont il a la moitié. Par là, l'habitation du colon lui-même se trouve n'être plus en rapport avec les autres constructions, et, un jour, le propriétaire se décide à abattre la vieille masure mal distribuée, mal aérée, où le métayer, sa famille et ses domestiques étaient entassés les uns sur les autres, pour construire une maison commode, spacieuse, bien aérée, dans laquelle naîtra et se perpétuera une génération de cultivateurs plus saine, plus exempte de maladies, que celle qui l'a précédée dans la masure détruite.

Une propreté plus grande deviendra indispensable dans cette nouvelle demeure, où l'air et la lumière circulent mieux.

Le sol amélioré, l'étable plus productive, permettront une meilleure nourriture à la famille du métayer et à ses aides agricoles.

Enfin la fréquentation de son propriétaire, les bienfaits qu'il lui devra, en gravant dans le cœur du métayer l'amitié et la reconnaissance, feront de lui un citoyen dévoué à l'ordre social, dans lequel il trouve protection, aisance, sécurité, espérance même de parvenir à la fortune.

Le fermage à prix d'argent, qui ne met souvent en présence le propriétaire et le fermier que le jour du paiement des fermages, les laisse trop étrangers l'un à l'autre, avec des intérêts opposés, et sous ce rapport il est bien loin de présenter autant d'avantages pour la conservation de l'ordre social, qui ne peut résulter que du bon accord entre les classes réciproquement satisfaites de leur sort, sans jalousie les unes contre les autres.

Le métayage doit donc être encouragé.

Il y a deux moyens de le faire. On y arrivera d'abord par la liberté des conventions, sans aucune entrave ni réglementation législative; puis en faisant au métayage une part égale à celle qu'on accorde aux autres modes de culture dans les encouragements de tous genres que l'agriculture reçoit.

En conséquence, la neuvième section vous propose d'émettre les deux vœux suivants :

1° Le contrat de métayage ne sera soumis à aucune réglementation législative. A défaut de convention particulière, la situation respective du propriétaire et du métayer sera réglée par les usages locaux ;

2° Les récompenses et encouragements de toute nature accordés à l'agriculture s'appliqueront au métayage, comme à tout autre mode de culture. Le propriétaire et le métayer auront droit à une part commune dans ces encouragements et ces récompenses.

M. Jules de Lasteyrie se rallie aux conclusions du rapporteur. Le métayage est excellent dans les pays où il est appliqué. Toutefois il y a des pays où le métayage ne serait pas un progrès. L'honorable membre réclame pour les pays à fermage les mêmes éloges que pour les pays à métayage. Il parle des grands services rendus par les fermiers au progrès agricole. Il croit qu'il n'est pas besoin de faire ainsi une comparaison entre un mode de culture et un autre mode.

M. le rapporteur répond que la commission n'a pas voulu établir de comparaison. Le métayage a été souvent attaqué, il l'a défendu. Les principes progressifs doivent être puisés dans l'association. La commission demande simplement à établir les droits du métayage aux mêmes récompenses que le fermage obtient.

M. le marquis de Vogué a la parole :

« Le métayage a été mis, dit-il, au ban de l'économie politique. Il s'est défendu en se perfectionnant ; les améliorations les plus considérables ont été faites par le métayage.

« On a donc fait à tort une distinction entre la grande culture et la petite culture pour le métayage. Le métayage s'applique *partout où le capital manque.* Un domestique de ferme qui devient métayer, fait un progrès. Le métayage donne l'exemple de la vraie vie rurale, de la plus belle association entre le capital et le travail, de la vie patriarcale. C'est un bien au point de vue moral.

« Le fermage a bien mérité de la patrie, mais le fermage a souvent fait ou tenté plus qu'il ne pouvait, et c'est toujours un tort. Le bon sens est la richesse du métayer, il est plus prudent. Le métayage ne vous demande que la liberté, et je voudrais qu'on lui montrât ici un peu de sympathie. Vous ne pouvez lui refuser cela. »

La clôture, demandée, est mise aux voix et prononcée.

Les conclusions du rapporteur sont mises aux voix et adoptées.

<hr>

TITRE V.

DU BAIL EMPHYTÉOTIQUE OU A LONG TERME.

(Art. 58 à 69.)

TITRE VI.

DES ANIMAUX EMPLOYÉS A L'EXPLOITATION DES PROPRIÉTÉS RURALES.

(Art. 70 à 80.)

TITRE VII.

DES MALADIES CONTAGIEUSES DES ANIMAUX.

(Art. 81 à 82.)

TITRE VIII.

DES VICES RÉDHIBITOIRES DANS LES VENTES D'ANIMAUX DOMESTIQUES.

(Art. 83 à 92.)

TITRE IX.

DES ANIMAUX NUISIBLES A L'AGRICULTURE.

(Art. 93 à 96.)

SESSION GÉNÉRALE DE 1873.

Séance du 13 février.

Rapport de M. de La Teillais sur la question des responsabilités encourues par les propriétaires d'animaux domestiques et autres.

Messieurs,

La partie du Code rural qui concerne le commerce des animaux domestiques, et les responsabilités qu'il entraîne pour le propriétaire, est divisée en plusieurs chapitres. Le premier traite des animaux employés à l'exploitation des propriétés rurales, le second des maladies contagieuses, le troisième des vices rédhibitoires dans les animaux domestiques, et le quatrième des animaux nuisibles à l'agriculture. Ce sont ces quatre chefs qu'embrasse le présent rapport.

La commission que j'ai l'honneur de représenter s'est livrée, depuis la session de 1872, à un examen sérieux et très-approfondi du projet de Code rural dont je vous entretiens. Ce n'est point effectivement sans des raisons très-sérieuses qu'elle vous propose certaines modifications à un travail qui a déjà été préparé, élaboré et discuté avec le plus grand soin. D'autre part, l'Assemblée pensera sans doute que, si la commission n'avait aucune proposition à lui faire, aucune modification à lui soumettre sur cet ensemble d'articles s'appliquant à des matières aussi diverses, c'est qu'elle se serait livrée à un examen bien peu approfondi de la question. Il est impossible effectivement que, par certaines considérations qui tiennent uniquement aux choses agricoles, nous n'ayons pas des modifications à vous proposer.

Sur le premier chef, qui concerne les animaux employés à l'exploitation des propriétés rurales, nous aurons peu de chose à vous dire. Une seule disposition du projet de Code rural nous a paru mériter votre attention. Il est dit effectivement que, pour les troupeaux qui sont conduits au pâturage, les préfets pourront déterminer par des arrêtés les conditions sous lesquelles ils devront être conduits. Dans le projet de Code rural, on emploie l'expression *chèvres*. Votre commission a pensé qu'on devait y substituer l'expression plus générale de *troupeaux*. En effet, bien que les animaux de l'espèce chèvre soient disposés à commettre les plus grands dégâts, il est incontestable que les troupeaux de moutons nécessitent les mêmes précautions. C'est dans le même ordre d'idées que, quand le projet de Code rural disait que les propriétaires sont responsables des dommages causés par leurs animaux, votre commission propose d'ajouter : — *Sauf le recours contre le berger.* — Ce sont des modifications de détail, de rédaction, mais qui importent néanmoins d'une manière considérable à l'économie entière du projet.

Quant au titre qui concerne les animaux de basse-cour, ce titre n'est pas non plus d'une importance considérable. Un seul fait a mérité l'attention de votre commission : c'est celui où le Code rural dispose que — *les propriétaires des essaims pourront les suivre et les saisir partout, autant qu'ils pourront les poursuivre.*

La commission a pensé que, dans cette situation, il arrivait trop souvent que le propriétaire d'un essaim n'avait d'autre considération que de ressaisir sa propriété, et s'inquiétait trop peu des dégâts qu'il pouvait commettre. La commission a cru utile d'ajouter : — *sous la condition de ne pouvoir dégrader, pour les prendre, le corps auquel ils se trouvent attachés.*

J'arriverai, messieurs, promptement à une disposition qui mérite d'attirer votre attention : c'est celle qui concerne les maladies contagieuses. Nous avons eu récemment les plus tristes exemples des dégâts que ces maladies peuvent occasionner. Nous avons eu le typhus, qui a causé des ravages terribles, et contre lequel les précautions les plus sérieuses ont dû être prises soit par le Gouvernement, soit par les différents préfets. En cas de maladie épizootique, on est obligé de se reporter à une législation déjà très-ancienne et fort incomplète. Aussi s'est-il élevé des difficultés très-grandes sur son application. C'est donc avec raison que le projet de Code rural a proposé de substituer à cette législation deux articles très-simples qui prévoient toutes les difficultés. La base de ces articles est le droit donné à l'administration de faire procéder à l'abatage des animaux atteints ou soupçonnés d'être atteints de maladie contagieuse. Ce droit assurément pourrait paraître exorbitant, il pourrait entraîner des abus et porter atteinte à la propriété privée. Il avait donc besoin d'un correctif ; ce correctif est dans l'indemnité accordée aux propriétaires des animaux abattus par ordre administratif, et ce principe a été discuté également dans la commission du Code rural et au sein de votre commission. Elle a pensé qu'il y avait lieu de fixer ce point d'une manière certaine, et elle vous propose l'addition que voici :

Le propriétaire desdits animaux a droit à une indemnité représentant les trois quarts de leur valeur avant la maladie, sous la condition toutefois de désinfecter les lieux habités par les animaux abattus.

J'arrive, messieurs, à l'article qui a donné son nom à ce rapport, celui qui concerne le commerce des animaux, c'est-à-dire les vices rédhibitoires. Cette matière est réglée par la loi de 1836. La loi de 1836 a une expérience déjà ancienne. Ce n'est pas qu'elle ait manqué d'être attaquée : elle l'a même été dans les deux sens les plus complétement opposés. Les uns croient que ses prescriptions étaient trop sévères, les autres pensent au contraire que de nouvelles dispositions devraient être ajoutées. Cette différente manière de voir s'est montrée d'une façon bien tranchée suivant que les départements élevaient ou suivant qu'ils allaient acheter les animaux dont ils avaient besoin. Les uns voulaient des prescriptions plus sévères quand il fallait acheter ; les autres voulaient la suppression complète de la loi quand ils avaient besoin de vendre. Néanmoins, dans cette circonstance, il est indispensable de se reporter aux vrais principes de la justice et du droit pour le commerce des animaux atteints de maladie, comme pour toute autre matière.

On ne peut ériger en principe le dol et la fraude. C'est ce qui arriverait incontestablement si on supprimait, comme quelques personnes l'ont demandé, la garantie en ce qui concerne les vices rédhibitoires. Ce point une fois admis, il ne s'agit que de constater quels sont les vices principaux dont l'acheteur ne peut avoir connaissance sur le marché, et qui sont les plus préjudiciables quand l'animal en est atteint. Sous ce rapport, le projet de Code rural a apporté des modifications nombreuses à la loi de 1836 à laquelle je me référais tout à l'heure. Là plupart de ces modifications sont appuyées sur d'excellentes raisons dans l'exposé des motifs, et votre commission n'a eu qu'à les admettre. Il en est quelques-unes cependant sur lesquelles elle a cru devoir vous présenter ses observations.

Parmi les vices rédhibitoires qui étaient admis dans la loi de 1836 et qui n'ont pas été maintenus dans le projet de Code rural, un de ceux qui avaient donné lieu aux discussions les plus passionnées est la fluxion périodique des yeux. Tous ceux qui s'occupent d'agriculture et d'élevage savent que cette maladie, très-fréquente dans certaines localités, a pour résultat, le plus ordinairement, de priver l'animal qui en est atteint d'un œil et quelquefois des deux yeux, par conséquent de diminuer d'une façon considérable sa valeur. Cette affection, d'ailleurs, ne peut être constatée, même par un œil très-exercé, au moment de la vente de l'animal. Il y a donc lieu, ce me semble, de la classer au premier rang parmi les vices rédhibitoires, puisqu'elle ne peut être constatée au moment de l'achat et que, d'un autre côté, elle détruit la valeur et le service qu'on doit attendre de l'animal.

Une voix. Elle est classée.

M. de La Teillais. Aussi votre commission vous propose-t-elle de rétablir la fluxion périodique des yeux au nombre des vices rédhibitoires. Je n'insisterai pas plus longtemps sur les différentes raisons qui l'ont déterminée, car je ne doute pas que la discussion qui ne peut manquer de s'élever à ce sujet n'oblige le rapporteur à présenter de nouvelles observations, et pour éviter des redites, je serai très-sobre d'explications dans cet exposé.

Après la fluxion périodique des yeux, deux dispositions nouvelles ont fixé l'attention de votre commission. Le projet de Code rural introduit parmi les vices rédhibitoires deux choses qui ne faisaient pas partie de la loi de 1836, c'est la méchanceté et la rétivité. Il est certain que ces deux expressions, si elles n'étaient pas limitées d'une manière très-précise, ouvriraient la porte aux plus grands abus. Sous prétexte de méchanceté et de rétivité, il n'est presque pas un animal qu'on ne pourrait rendre quand on croirait avoir fait un mauvais marché.

Votre commission a pensé que, sans rejeter ces deux expressions, il fallait les expliquer d'une manière très-précise et plus claire aussi, et ajouter : — *la méchanceté, quand elle constitue un danger pour la vie de l'homme.* — C'est à cette condition seulement qu'elle pourrait autoriser l'acheteur à demander la résiliation de son marché. — *Et la rétivité, quand elle est caractérisée par un refus absolu et constant de se laisser utiliser au service auquel l'animal est destiné.* Il est presque inutile de dire que tout animal devient rétif quand il est entre les mains d'un homme qui ne sait pas prendre les précautions nécessaires. Il fallait donc que l'expression fût caractérisée d'une manière très-précise pour ne pas ouvrir la porte aux nombreux abus que je signalais.

Voilà, messieurs, les modifications que la commission a l'honneur de vous proposer en ce qui concerne les races chevalines. Pour l'espèce bovine, elle ne vous en demandera qu'une seule.

La commission du Code rural avait admis la non-délivrance, après part ancien, chez le vendeur. Votre commission a cru qu'elle devait ajouter le renversement du vagin, parce que cette affection repoussante a pour résultat de diminuer considérablement les services que l'animal peut rendre et en définitive de le conduire à une mort prochaine. La phthisie dans l'espèce bovine a été le sujet d'une discussion très-approfondie et qui n'a pas été favorable à l'admission de ce vice classé comme rédhibitoire par la loi de 1836. On a proposé sa suppression en raison de ce qu'il est la source de procès longs et nombreux, dépassant souvent la valeur de l'animal. D'un autre côté, des membres de la commission ont fait valoir combien cette maladie était grave, puisqu'elle entraîne la mort de l'animal, combien il était difficile pour l'acheteur de la reconnaître, combien elle était dangereuse pour l'espèce humaine, puisque, suivant certains auteurs, il est constaté qu'elle peut se transmettre de la vache à l'homme. Néanmoins, la phthisie n'a pas été admise au nombre des vices rédhibitoires.

Dans l'espèce porcine, un seul point a attiré notre attention : c'est la ladrerie. Vous reconnaîtrez, messieurs, la justesse de cette précaution, parce que la coutume de presque toutes les provinces l'a déjà consacrée, et que, sur tous les marchés, les animaux qui en sont atteints sont immédiatement rendus au vendeur. C'est, d'un autre côté, une maladie grave qui a fait une irruption sérieuse en Allemagne, qui peut entraîner des inconvénients sérieux pour l'homme. Je ne crois donc pas qu'il y ait des difficultés non plus pour son admission.

Le délai pour intenter l'action rédhibitoire était fixé par la loi de 1836 à neuf jours; la même disposition est maintenue dans le Code : cette même disposition a été adoptée par votre commission. Néanmoins, en vous proposant d'inscrire la fluxion périodique des yeux au nombre des vices rédhibitoires, comme l'a fait la loi de 1836, elle vous propose, pour la fluxion périodique des yeux, d'admettre le délai de 30 jours qui avait été fixé par la loi de 1836.

Je n'aurai pas besoin, messieurs, d'entrer dans le détail des articles de procédure insérés au projet de loi; il n'est pas probable en effet qu'ils soient l'objet de discussions sérieuses. Il ne restera plus qu'un mot à dire : c'est sur le titre qui concerne les animaux nuisibles à l'agriculture; encore n'avons-nous qu'à vous proposer l'admission des nouvelles dispositions du projet de Code rural.

Nous appellerons toutefois votre attention sur les dispositions qui suivent : Tout propriétaire d'un terrain, même clos, qui y possède une garenne ou un clapier, ou qui a négligé d'y détruire des terriers, est responsable du dommage causé par les lapins qui y sont établis. Il encourt la même responsabilité si, n'ayant ni garenne ni clapier, il néglige de détruire les lapins établis dans sa propriété sans son fait. Votre commission a pensé qu'en imposant cette condition au propriétaire, il convenait de lui donner tous les moyens pour pouvoir accomplir les prescriptions de la loi, et à cet effet elle vous demande d'ajouter :

A raison de la responsabilité ci-dessus, le propriétaire est autorisé à détruire ou à faire détruire lesdits animaux en tout temps et par tous les moyens.

Telles sont les propositions que j'ai l'honneur de vous soumettre au nom de votre 9ᵉ section. Je regrette que ces propositions soient si nombreuses et qu'elles se divisent en parties fort distinctes, mais vous comprenez que, dans une matière aussi développée que celle que je viens d'avoir l'honneur d'exposer devant vous, il était impossible de réunir en un seul corps des observations aussi variées que nombreuses. Il est encore une autre proposition dont j'aurai l'honneur de vous entretenir en quelques mots, non pas au nom de la commission, mais comme amendement que j'adopterais parfaitement pour mon compte. Il s'agit d'ajouter aux animaux nuisibles dont la destruction est demandée, un paragraphe spécial pour le sanglier.

Il est inutile, messieurs, d'insister sur les dégâts que ces animaux causent dans les forêts où ils existent en grand nombre. La seule question est de savoir si l'assemblée pense que cette disposition doit être inscrite à la suite de celles que j'ai l'honneur de déposer au nom de la commission.

M. LE PRÉSIDENT. Je crois qu'il n'y a pas lieu d'ouvrir une discussion générale sur le rapport.

On demandera la parole pour discuter chaque article avant de passer au vote.

L'article 71 est mis aux voix et adopté sans discussion.

M. LE PRÉSIDENT. Personne ne demande la parole sur l'article 72?

M. BALARD. Je trouve que le recours contre le berger est illusoire, car les bergers sont souvent des enfants.

M. JOSSEAU. Messieurs, voulez-vous accepter le mot — *gardien?*

M. LE PRÉSIDENT. On propose de substituer au mot — *berger* — le mot plus général de — *conducteur* ou *gardien.*

La commission accepte cette substitution.

L'article 72, ainsi modifié, est mis aux voix et adopté.

L'article 78 est également mis aux voix et adopté.

M. GUERRAPAIN. Je demande la parole sur l'article 81.

Dans le projet qui vous est soumis on dit : *Le maire se fera assister, s'il y a lieu, d'un vétérinaire.* Or, il convient d'exiger que le vétérinaire soit diplômé. Car, notez bien que, même dans les villes, ce mot de vétérinaire ne s'applique pas seulement à des vétérinaires diplômés. Je demande qu'il soit ajouté.

Enfin, comme il s'agit de maladies contagieuses, je ne vois pas la nécessité de laisser dans cet article le mot — *s'il y a lieu;* je crois qu'il y a toujours lieu. Il ne faut pas laisser aux maires, quelquefois, il faut le dire, trop insouciants, la faculté de négliger toutes les précautions, et je demande qu'on raye l'expression — *s'il y a lieu.*

M. DE LA TEILLAIS, rapporteur. Messieurs, j'avais l'honneur de vous dire, dans l'exposé que je vous ai soumis, que la commission n'avait touché qu'avec la plus grande réserve à la rédaction du projet de Code rural qui avait reçu la sanction du Conseil d'État. Ce n'est donc point sans raison que telles ou telles expressions ont été admises ou rejetées. Nous reconnaissons qu'il y a dans la disposition projetée un pouvoir considérable, exorbitant, si vous le voulez, mais il y a des circonstances où les maires ont besoin d'être armés par la loi. Quand un incendie se déclare, ils arrivent, ils prennent les mesures les plus graves, ils ordonnent l'abatage des maisons. L'invasion du typhus, l'invasion d'une maladie contagieuse est un fléau terrible. Il faut que les maires soient armés pour agir et frapper fortement. Quelquefois ils frappent à tort, c'est possible, nous ne contestons pas que l'abus soit possible. C'est pour cela que nous avons introduit un correctif : c'est le principe de l'indemnité, le principe que l'animal qui aura été abattu, un peu légèrement si vous le voulez, sera payé sinon entièrement, du moins pour les trois quarts. Voyez d'un autre côté l'importance et la gravité de la question : vous en avez eu des exemples trop frappants, autour de nous ces provinces qui ont été entièrement dépeuplées. Et c'est en raison de ces souvenirs qu'on ne peut pas hésiter à sacrifier, s'il le faut, deux ou trois établés pour arrêter l'invasion de la maladie. Or, dans des situations aussi graves, alors même que l'on admettrait que le pouvoir donné au maire pût être excessif, il y a une mesure d'intérêt public qui doit dominer l'intérêt privé. D'ailleurs, celui-ci étant garanti, je crois qu'il y a lieu de maintenir dans son intégrité la rédaction proposée par la commission.

Étant admis que le maire ait le droit de faire abattre l'animal infecté, pour garantir sa responsabilité, il aura à se faire assister par un vétérinaire. Or, quand on dit — *vétérinaire* — on entend — *vétérinaire diplômé.* (*C'est vrai!*) Il y a des règles pour la médecine vétérinaire comme il y a des règles pour la médecine ordinaire....

Une voix. Il n'y en a pas. C'est une erreur complète. (*Bruit.*)

M. de La Teillais. Dans la pensée de la commission, le maire devrait réclamer le concours d'un *vétérinaire diplômé.* Mais, comme nous admettons que le maire, dans des circonstances exceptionnelles, ait le droit et le devoir d'ordonner l'abatage à lui seul et sous sa responsabilité, c'est également à lui et sous sa responsabilité à se faire assister par qui il pourra. On doit admettre que, sauf des exceptions, le maire d'une commune n'est pas sans intelligence et sans responsabilité morale vis-à-vis de ses administrés.

Une voix. C'est une erreur.

M. de La Teillais. Cette thèse sort évidemment de la question et je ne me laisserai point entraîner à la soutenir, je dirai seulement qu'il faut employer les moyens les plus énergiques pour arrêter une maladie dont les conséquences peuvent être désastreuses. Il faut donner au maire un pouvoir qui serait illusoire s'il fallait aller chercher un vétérinaire à 5, 6, 10 lieues, quand il n'en existe pas dans le voisinage. (*Très-bien! très-bien!*) Voilà pourquoi nous avons pensé qu'il ne fallait pas exiger une condition qui, dans la pratique, pourrait avoir les résultats les plus désastreux.

M. Bouley. Je demande la parole.

M. le président. La commission accepte-t-elle l'addition du mot — *diplômé?*

M. Josseau. La commission accepte.

M. le président. La parole est à M. Bouley.

M. Bouley. Messieurs, j'ai été retenu jusqu'aujourd'hui par une commission officielle qui malheureusement se tenait à la même heure que les séances de l'assemblée, et en entrant ici je suis frappé, non pas de la situation faite aux maires, mais d'une question bien autrement grave qui est soulevée par l'article 81.

On propose d'appliquer à toutes les maladies contagieuses l'indemnité exceptionnelle qui a été admise pour une maladie exceptionnelle seulement, la peste bovine, maladie exotique qu'il faudra chasser de chez nous. Cette indemnité vient d'être appliquée pour la peste bovine; mais maintenant l'État, d'après cet article, se trouverait responsable vis-à-vis de tous les propriétaires des pertes occasionnées par toutes les maladies contagieuses.

Notez bien une chose : c'est qu'une fois que vous mettrez la propriété sous la garantie de l'État, vous irez plus loin que vous ne le pensez. Il y a une maladie entre autres qui use rapidement les chevaux qui en sont atteints. Je veux parler de la morve. Voilà un propriétaire qui, au lieu d'exploiter avec la mesure que comporte la force de l'animal, au lieu de nourrir ses chevaux porportionnellement au travail, les fait abattre d'office. Quoi ! j'ai droit, quand mes chevaux sont morveux, aux trois quarts de leur valeur ? Mais j'ai tout bénéfice à faire abattre mes chevaux pour toucher une indemnité qui souvent représentera leur valeur tout entière.

Une voix. Cela arrivera toujours.

M. Bouley. J'entends dans l'assemblée un écho qui dit *toujours*. Ce sera souvent, sinon toujours, non-seulement parce qu'il y a des appréciations erronées, mais des appréciations volontairement erronées. Il en résultera, messieurs, que, grâce à cet article contre lequel je proteste, vous allez ruiner le Trésor public.

Si vous voulez admettre la clavelée, la morve, la rage, la péripneumonie, etc., je vous déclare que la France est bien riche, mais qu'elle ne suffira pas à l'indemnisation que vous demandez.

Je déclare ceci : c'est qu'il me paraît hors de raison d'accorder à un maire, malgré la dose d'intelligence qu'il peut avoir, *à priori*, le droit de faire abattre des animaux sans consulter un homme de l'art. Vous dites que le mot — *vétérinaire* — veut dire — *vétérinaire diplômé*, — non pas dans la langue française et non pas dans la loi. Cette profession est libre, et le premier venu, quelle que soit sa profession, peut faire le métier de traiter les animaux. Il faut faire cette distinction, et il ne faut pas que les maires puissent se passer des vétérinaires.

M. leprésident. Votre conclusion serait la suppression du dernier paragraphe, à partir de ce mot : — ***Les propriétaires des animaux...***

M. Josseau. La commission consent au retranchement.

L'article 81, mis aux voix, est adopté ainsi modifié :

Art. 81. — Tout propriétaire possesseur ou gardien d'animaux soupçonnés d'être atteints de maladie contagieuse est tenu d'en faire sur-le-champ la déclaration au maire de la commune où il se trouve. Le maire prend toutes les mesures nécessaires pour empêcher la contagion. Il se fait assister d'un vétérinaire diplômé. En cas d'urgente nécessité, le maire peut ordonner l'abatage immédiat des animaux malades.

M. Bouley. Messieurs, j'ajouterai que depuis la peste bovine, l'administration de l'agriculture fait préparer tout un travail pour réviser les lois sur la police sanitaire, et les adapter, les conformer aux nécessités du présent, en sorte que cela viendra éclairer la commission. J'annonce à l'assemblée qu'on prépare une loi sanitaire qui n'assimilera pas à la peste bovine les autres maladies contagieuses.

M. Barral. Un seul mot, messieurs. Je ne veux pas revenir sur les articles précédents, mais il me semble qu'on est allé trop vite. J'admets très-bien ce qui a été voté; la Société peut bien admettre que le maire puisse procéder à l'abatage immédiat. Maintenant voilà l'abatage fait : le reste de l'article est supprimé. Cela peut avoir des inconvénients que M. Bouley comprendra. L'agriculteur ne peut pas être soumis à l'abatage immédiat ordonné par le maire sans aucune responsabilité, pourvu qu'il soit assisté d'un vétérinaire diplômé. Dans toute espèce de cas, ce n'est pas possible.

Je crois qu'il faut faire une réserve. Il faut qu'il y ait là une responsabilité vis-à-vis du propriétaire. M. Bouley a eu parfaitement raison de prévenir l'assemblée qu'on faisait une codification de toutes les lois nécessaires à la police sanitaire.

Je demande qu'on introduise ici le vœu que le Code sanitaire soit fait le plus vite possible. L'agriculture ne peut pas se livrer tout entière à un arrêté pris par un maire, par cela seul qu'il serait autorisé par un vétérinaire. Nous en connaissons, même de diplômés, qui ne sont pas sains d'esprit à tout moment donné. (*On rit.*)

Je formule ainsi ma proposition qui est admise par M. Bouley :

Ce droit absolu d'abatage n'est admis que sous réserve du vœu qu'émet la Société de l'adoption aussi rapide que possible d'une loi nouvelle sur la police sanitaire, spécifiant notamment les cas d'indemnité au propriétaire des animaux abattus.

Cette addition à l'article 81 est mise aux voix et adoptée.

M. LE PRÉSIDENT. Quelqu'un demande-t-il la parole sur l'article 82?

M. MOLL. Il serait bon d'y ajouter — *hors du domicile du vendeur.* — Il arrive très-souvent que l'on achète un animal chez le propriétaire même, par conséquent en dehors des foires et marchés. Eh bien! il ne faut pas que l'individu qui a acheté chez un propriétaire, chez un éleveur, soit exposé à être poursuivi par des gens souvent plus ou moins malintentionnés. C'est une addition seulement — *hors des foires et marchés ou hors du domicile du vendeur.*

M. JOSSEAU. Il n'est pas possible, messieurs, d'accepter l'amendement, et voici pourquoi : le paragraphe qui vous est proposé n'est rien autre chose que la conséquence du principe — *possession vaut titre,* — sauf le cas de vol. Ce sont les principes généraux qui nous régissent aujourd'hui. Si vous admettiez l'addition qui vous est proposée par l'honorable M. Moll, il en résulterait certainement qu'un vendeur qui aurait trouvé une bête sur la voie publique, et permettez-moi de dire pire encore, qui l'aurait volée et qui la vendrait à son domicile, serait exonéré de toute indemnité en cas de justification de la propriété par un tiers. Ce serait la violation la plus manifeste de notre Code. Votre paragraphe ne fait que consacrer le principe que je viens d'énoncer. Faisons une supposition, admettons que la chose a été perdue ou volée. Eh bien! de deux choses l'une : ou elle a été achetée dans un marché public, ou elle ne l'a pas été; et si elle a été achetée partout ailleurs, il faut une indemnité. Ce paragraphe en est absolument la consécration et, je le répète, il suffirait de vendre à son propre domicile une bête que l'on aurait trouvée pour n'être exposé à aucune indemnité.

Le principe général posé à la fin du Code civil est éminemment utile pour éviter des procès et des difficultés. Il nous a paru qu'il n'était pas mauvais de le reproduire ici... Tel est le sens de la disposition qui vous est présentée.

L'amendement de M. Moll est mis aux voix et n'est pas adopté.

L'article 82 est mis aux voix et adopté.

M. LE PRÉSIDENT. M. Bouley a la parole sur l'article 83.

M. BOULEY. Messieurs, l'article qui est là est un peu différent de l'article qui a été proposé, en 1869, à l'administration de l'agriculture, sur son invitation, par la Société centrale de médecine vétérinaire, à laquelle avait été renvoyé l'examen de la loi sur les vices rédhibitoires. Le ministre d'alors demandait s'il n'y aurait pas moyen de simplifier la loi déjà simple relativement aux anciennes coutumes, et de diminuer les chances de procès auxquels la loi donnait si fréquemment lieu. La

Société, pendant quelques-unes de ses séances, a examiné la loi de 1838, et, après de longues délibérations, elle a déclaré qu'il y avait avantage à faire disparaître de la loi de 1838 un certain nombre de vices qu'elle contenait, et parmi ces vices se trouve notamment la fluxion périodique des yeux que je vois là écrite en lettres italiques. M. le rapporteur de la section de législation du Conseil d'État est venu nous exposer les vœux de la commission sur ce point. Messieurs, nous avons demandé la radiation de l'épilepsie et de la fluxion périodique, et nous avons simplifié la loi en fixant un seul délai de 9 jours. Comme vous devez le pressentir, c'est un fait considérable que d'avoir soustrait les marchands, les éleveurs à l'obligation de laisser leur capital improductif ou suspendu, si je puis dire, pendant le long délai de 30 jours que représente la garantie donnée pour la fluxion périodique et pour l'épilepsie. Je vous dois maintenant une justification de cette suppression, car je viens devant vous pour la demander de nouveau.

D'abord pour l'épilepsie, il n'y a pas de contestation, à ce que je vois. L'épilepsie est une maladie extrêmement rare, et sa rareté même est une garantie. Il y a bien d'autres maladies comme l'épilepsie, maladies cachées, diminuant la qualité de la chose vendue et la rendant impropre à tout usage dans le sens de l'article 1641. L'épilepsie, la voilà rayée, mais la fluxion périodique, on propose de la rétablir dans la loi.

Messieurs, voici les raisons pour lesquelles la Société de médecine vétérinaire a demandé cette suppression, et pour lesquelles le Conseil d'État d'alors, devant lequel j'ai été appelé à exposer les raisons de cette suppression, a adopté l'avis que nous lui avons soumis.

La fluxion périodique est une inflammation de l'œil, inflammation qui ne se distingue pas d'autres maladies qu'on peut déterminer à volonté : notez bien ce mot — *à volonté*. L'œil se gonfle, s'injecte, pleure, se trouble, il se produit un écoulement, et puis, au bout d'un certain temps, peu à peu tout revient dans l'ordre, et pour les yeux ordinaires il ne paraît pas que l'œil ait subi une altération. Au bout de quelque temps, après une série d'accès successifs, l'œil s'oblitère et la faculté visuelle des yeux est éteinte, l'organe est perdu. Il y a là le caractère d'une maladie rédhibitoire, c'est bien entendu.

Oui, en théorie, c'est un vice qui doit être rédhibitoire, mais, je vous dis, la fluxion ne se caractérise pas par des symptômes équivoques. Quand un cheval est affecté de cette maladie, et qu'on le voit dans l'intensité de l'accès, l'expert le plus expérimenté n'a pas le droit de dire que la maladie inflammatoire est la fluxion périodique. Qu'est-ce

qu'il faut pour qu'on puisse l'affirmer? Il faut que le caractère de l'in-
termittence soit accusé, c'est-à-dire que le retour de la fluxion soit
constaté. Les accès reviennent au bout d'un mois, six semaines, deux
mois, six mois. Il y a des exemples d'accès qui sont revenus au bout
de onze mois. Il y a la possibilité que les intermittences soient plus
éloignées suivant les influences auxquelles les animaux sont soumis;
suivant qu'ils seront mis dans des pays plus favorables, les accès
reviendront plus fréquemment ou s'éloigneront encore, selon qu'ils
seront exposés à certaines conditions de travail. Il y a des chances
pour que les yeux se fluxionnent à la suite de manœuvres que savent
pratiquer, entre parenthèses, les maquignons exercés. Il y a nécessité
pour les experts de différer leur jugement d'un mois, de deux, et quelquefois davantage.

On s'est fondé sur ce que le vendeur savait qu'il trompait en ven-
dant, et par conséquent qu'il fallait qu'il fût puni de l'espèce de dol
auquel il se livrait en toute liberté de conscience. Eh bien! messieurs,
cela n'est pas exact. Qu'un éleveur sache que l'animal qu'il a élevé est
fluxionnaire, c'est à peu près sûr; mais, entre un premier accès et un
second, des semaines, des mois s'écoulent; l'animal peut, dans ces intervalles de deux accès, passer par un grand nombre de mains, en
sorte que les intermédiaires entre le premier éleveur et un dernier
acheteur, entre les mains duquel les animaux se trouvent, peuvent
être incriminés, quoique parfaitement honnêtes, et pour une chose
qu'ils ignorent. Il n'est donc pas exact de dire que la loi, en rendant
rédhibitoire la fluxion périodique, punit infailliblement un homme
inconscient ou sans conscience, qui vend avec connaissance de cause
un animal sans valeur.

Maintenant, si vous considérez que la garantie que donne la loi est
absolument illusoire, vous verrez que nous avons été justes en supprimant ce vice. Je dis qu'elle est illusoire quand il y a intention de
tromper. Voici, en effet, ce qui se passe : un marchand a la connaissance de l'existence de la fluxion périodique sur son cheval : il va
attendre pour le vendre que l'accès soit passé. Il a pour lui un délai
pour que l'accès revienne, un délai de 30 jours. Or, outre qu'on ne
peut pas affirmer avec certitude qu'il y a intention de dol, le délai de
30 jours est parfois trop court, et la garantie est insuffisante. Dans
ces conditions-là, je crois qu'il y a de graves inconvénients à mettre
dans la loi, pour un seul vice, une garantie de 30 jours, de forcer un
homme d'attendre pendant un si long délai pour savoir si réellement
un contrat fait est un contrat achevé. Je dis qu'en présence de ces

faits, il y a véritablement de grands avantages à ce que la fluxion soit retranchée des vices rédhibitoires.

J'arrive à un fait considérable. Nous, qui sommes aux prises journellement avec les difficultés des choses, et qui voyons à l'œuvre le maquignonnage et toutes ses roueries, nous avons été témoins maintes fois de ce fait, à savoir que cette loi, que l'on prétend protectrice de l'agriculture, est au contraire une condition pour qu'elle soit exploitée d'une manière déshonnête; et voici comment. Un homme, un paysan, un éleveur, un commerçant qui a des mœurs simples et qui ne croit pas trop à la méchanceté des gens, vend un cheval dont il connaît la saineté absolue des yeux. Il tombe entre les mains d'un maquignon, d'un marchand qui devient maquignon (*rires*), et alors celui-ci veut le lui faire reprendre parce que le cheval ne lui convient pas. Et à quels procédés a-t-il recours? Avant un mois, par des moyens que je ne veux pas publier, parce que la presse le dirait à tous les maquignons (*Rires. — Nous ne le dirons pas! nous garderons le secret!*), avant un mois on lui fait naître dans l'œil une superbe inflammation; on la donne externe et interne. Il y a pour cela des procédés, des doses, des mesures. Il en résulte un œil gonflé, plein d'humeurs, trouble, et toutes les apparences d'une fluxion périodique. Alors le maquignon écrit à l'éleveur : « Mon cher monsieur, j'ai le regret de vous annoncer que le cheval que vous m'avez vendu est sous le coup d'une fluxion périodique. Je répugne à vous intenter un procès. Je voudrais que vous vinssiez voir votre cheval. » L'homme vient et voit son cheval qui a l'œil poché. (*Rires.*) Le marchand arrive aussi, il est bien malheureux! Un si beau cheval!... Enfin, si nous nous arrangions?... On soutire à l'éleveur, sous prétexte de le protéger, 200, 300, 400 francs, suivant la valeur de la bête. Cela fait, le marchand soigne le cheval : il redevient beau, et le cheval qu'il a acheté 800 francs et qui ne lui revient qu'à 400 francs, il le revend 1,000 francs. Vous voyez d'ici la spéculation. (*Rires.*) Voilà ce qui se passe.

Considérez maintenant que la fluxion périodique est une maladie qui règne de préférence dans quelques localités, en Bretagne, par exemple, et qu'enfin en ouvrant la porte à la fluxion périodique nous l'ouvrons à des procès qui dureront des années entières. J'ai cité ce matin à la commission un procès relatif à un cheval, commencé en 1869, et qui dure encore, et nous sommes en 1873! Quand nous considérons tout cela, nous vous disons : l'épilepsie, vous l'avez rayée, il n'y a plus que la fluxion périodique, il y a aussi avantage à la rayer. Nous n'aurions de cette manière qu'un seul délai de 9 jours. Tous les vendeurs, qu'ils soient éleveurs ou commerçants, sauront qu'une fois le contrat signé, il a sa valeur ; quand il faut attendre 30 jours, c'est un délai indéfini. Je propose donc de ne pas admettre la fluxion périodique au nombre des vices rédhibitoires comme la commission l'a proposé. (*Très-bien ! très-bien !*)

M. LE PRÉSIDENT. Pendant que vous êtes à la tribune, monsieur Bouley, pourriez-vous nous dire quelques mots sur la méchanceté, quand elle constitue un danger pour la vie de l'homme, et sur la rétivité.

M. BOULEY. Messieurs, c'était effectivement mon intention d'appeler votre attention sur trois autres points. Je vois dans la loi un mot qui n'est guère un mot de maquignonnage : l'emphysème pulmonaire, et on ne comprend pas trop ce mot grec qui vient prendre rang dans la liste des vices rédhibitoires. Ici, je vous dois une explication. Quand la commission a été consultée, elle a rayé la pousse, cette pousse qui donne lieu à tant de procès. Voici pourquoi elle a rayé la pousse : c'est que la pousse n'est pas une maladie déterminée, c'est un simple symptôme ou un assemblage de symptômes dont le principal consiste dans un certain mouvement de la respiration. L'animal respire en deux temps…, comme je le fais moi-même en ce moment à cause de cette salle qui est disposée d'une manière défectueuse. (*Rires.*)

Nous avons demandé la suppression de la pousse. Quand j'ai été appelé devant le Conseil d'État, il s'est trouvé un certain nombre de conseillers qui avaient été volés. Ils m'ont dit : Nous avons été volés pour la pousse (*rires*), mais si nous la supprimons, nous serons bien plus volés encore. Je leur dis : Messieurs, en admettant que ce vice rédhibitoire n'est caractérisé que par le battement du flanc, voilà ce qui arrive. Un cheval vient de chez l'éleveur à l'âge de cinq ans, il est gros, gras ; je ne dirai pas qu'il a le teint frais, mais il a la bouche vermeille (*rires*) ; il a été nourri pour la vente, il est luisant, quelquefois trop gras. Il vient à Paris, il est soumis à un petit travail, voilà son flanc qui se met à battre. Eh bien ! messieurs, le marchand trouve moyen de spéculer sur l'éleveur. — Voilà le cheval ! dit-il au vendeur, il est poussif… Il faudrait nous arranger… L'autre a toujours peur du papier timbré. On s'arrange…, moyennant 100, 150, 200 francs. Après quelques jours de repos, le cheval n'est pas plus malade que je ne le suis moi-même en ce moment-ci (*rires*), et on a soutiré de l'argent à l'éleveur. Je n'insiste pas, messieurs : il faut rayer la pousse.

Quant à la méchanceté, quand elle constitue un danger pour l'homme, nous l'avons dit, nous avons eu une très-grande hésitation, nous avons discuté si la méchanceté est un vice rédhibitoire. Il n'est pas douteux que le cheval méchant est un des animaux les plus perfides de la création, et, de fait, il n'y a rien de terrible comme le cheval méchant; il l'est d'autant plus qu'on s'en méfie moins. Un cheval méchant peut dévorer à coups de dents, broyer à coups de pieds, écraser ou étouffer à coups de corps.

Eh bien! messieurs, toute réflexion faite, je crois qu'il vaut mieux laisser la méchanceté parmi les vices qui donnent lieu à des recours en dommages-intérêts, au nom de l'article 1382 du Code qui rend responsable du dommage qu'il cause tout homme qui l'a causé. Vous savez que cet article-là a trait même à un propriétaire innocent dont une cheminée tombe sur le dos d'un passant et l'écrase. *A fortiori*, celui qui vend sciemment un cheval méchant doit être considéré comme responsable du dommage qu'il cause; et j'ajoute, et j'annonce avec plaisir même, que les tribunaux montrent à cet égard-là une très-grande sévérité. La cour de Caen vient de rendre un arrêt contre un maquignon qui a été condamné à un an de prison et à 1,000 francs d'amende pour avoir vendu un cheval méchant en toute connaissance de cause. Il l'avait assoupi par l'opium, il en avait fait un véritable agneau. (*Rires.*) Quand on a fait descente chez le maquignon, on a trouvé chez lui un tas de fioles remplies d'opium. Le juge lui demande : A quoi sert cet opium? — Monsieur le juge, je suis couvert de rhumatismes. (*Rires.*) Il a été envoyé en prison, et on lui a appliqué rigoureusement l'article 1382.

Je crois qu'il vaut mieux laisser la méchanceté parmi les faits qui sont sujets à l'action du droit commun, et l'homme qui vendra un cheval méchant encourra toute la responsabilité qui s'attache à ses méfaits. J'avoue que la définition donnée par la section est un peu vague : — *la méchanceté quand elle constitue un danger pour la vie de l'homme.* — Je ne sais pas comment la médecine pourra définir le moment précis où il y a danger pour la vie de l'homme. Il y a un axiome qui dit que la plus petite piqûre est un germe de mort, la saignée que l'on pratique à un homme peut le tuer, et en se coupant un cor on peut se faire une blessure mortelle. Quand un cheval vous aura pincé, à un certain moment, du bout des dents, vous pouvez vous trouver dans un état constitutionnel et dans une atmosphère telle que de cette petite morsure un érysipèle général en surviendra. Voilà un pincement de la peau produisant un érysipèle qui peut devenir mortel, et il en sera résulté un danger pour la vie de l'homme sans que le cheval soit méchant. Il y a des chevaux un peu hargneux qui n'aiment pas qu'on s'approche d'eux quand ils mangent leur avoine. Ils craignent qu'on la leur enlève, et ils donnent à droite et à gauche des coups de dents qui peuvent être dangereux. Peut-on dire que cela constitue un vice rédhibitoire? Vous voyez qu'il y a là des différences énormes, et ma proposition est celle-ci : supprimer non-seulement la rédaction de la commission, mais encore le vice de la méchanceté, que la Société de médecine vétérinaire avait proposé d'admettre. Il y aurait là, en effet, un grand danger au point de vue de contestations futures.

Enfin, reste la rétivité, caractérisée par le refus constant de se laisser utiliser au service auquel l'animal est destiné. Messieurs, je crois que c'est encore nous qui avons introduit la rétivité dans la loi ou qui l'avons proposée, et le Conseil d'État l'a acceptée. Le mot rétivité était seulement défini comme il l'est par votre commission : — *le refus absolu et constant de se laisser utiliser.* — Cela la rend applicable, car du moment qu'il y a refus absolu et constant, cela veut dire qu'un cheval se sera refusé de se laisser employer à son usage, malgré tous les essais d'hommes expérimentés. Il y a là des conditions de sûreté, car enfin l'expérimentation peut être faite par d'habiles dresseurs, en sorte que la rétivité, qui est un vice constaté, peut rester dans la loi. Je ne dissimule pas qu'il y a une porte ouverte aux procès. Il y a danger qu'on rencontre des experts... Je ne les qualifierai pas comme l'a fait M. Barral, mais il est certain qu'ils n'ont pas toujours leur entière liberté d'esprit. J'ai vu cela mille fois (*rires*), pour être vétérinaire on n'est pas moins homme (*rires*), et un agriculteur peut se laisser lui-même surprendre dans cet état. (*Nouveaux rires.*)

D'où je conclus qu'il faut supprimer la méchanceté; j'hésite pour la rétivité. Je suis d'avis de supprimer l'emphysème pulmonaire, et je crois que si l'on supprimait la rétivité, ce ne serait pas une mauvaise chose.

M. Guerrapain. Messieurs, je viens appuyer les propositions qui viennent de vous être faites par M. Bouley.

Il est convenu qu'on a voulu inscrire parmi les vices rédhibitoires ceux de ces vices ou défauts que le simple acheteur ne saurait distinguer au moment de l'achat. Certes, si l'acheteur se faisait assister par l'homme de l'art toutes les fois qu'il achète, il faudrait rayer tous les vices rédhibitoires ou à peu près, mais il ne peut pas le faire constamment; il faut donc considérer l'inscription dans la loi des vices rédhibitoires comme utile : je ne parle pas de ceux dont M. Bouley vient de proposer la radiation. Je m'arrête seulement au dernier, parce que précisément il rentre dans l'ordre d'idées que je viens de vous dire, à savoir que la rétivité est un vice des chevaux que tout paysan peut constater au moment de la vente.

Généralement, messieurs, on n'achète pas le cheval dans sa boxe, dans sa stalle, dans son écurie, sans le sortir, et le paysan surtout sait cela. Celui que nous devons protéger, le paysan, est assez méfiant pour demander l'essai du cheval, sinon pendant les quelques jours qu'il l'aura chez lui, au moins au moment de l'achat. Si donc nous acceptons cette rédaction de la loi, que — *la rétivité se caractérise par le refus absolu et constant de l'animal de se laisser utiliser au service auquel il est destiné,* — il semble par là que nous voulons dire à l'acquéreur : Ne vous inquiétez pas de l'essai de votre cheval ; il sera toujours temps de l'essayer, puisque la loi vous donne un recours contre votre vendeur.

Je crois, messieurs, qu'il y a là encore une source féconde de procès, source que nous voulons tarir autant que possible, et je propose de rayer la rétivité, parce qu'elle n'a pas, suivant moi, les qualités qui font que tels ou tels vices ont le caractère rédhibitoire ; la rétivité est un vice qu'on voit, qu'on peut constater à toute heure. Laissons à l'acquéreur le soin de faire ses propres affaires. J'ai vu pendant vingt ans les paysans venir me dire : Je crois avoir l'appui de la loi. Ils viennent vous demander : Est-ce qu'il n'y aurait pas moyen de faire reprendre ce cheval, qui généralement, à de rares exceptions près, n'a pas de vice rédhibitoire ? Ils viennent avec une très-grande confiance, croyant que la loi est un palladium complet contre les ruses des maquignons. Il faut donc rayer la rétivité, je vous le demande instamment. L'expérience que j'ai des campagnes me démontre que l'inscrire serait ouvrir la porte à des procès interminables.

M. LE PRÉSIDENT. La parole est à M. le rapporteur.

M. DE LA TEILLAIS, rapporteur. Messieurs, la faveur avec laquelle vous avez accueilli les explications si intéressantes du savant professeur m'indique que je serais bien mal venu à contester ces mêmes explications. Aussi, si je n'avais à défendre qu'une opinion personnelle, je ne serais certes point monté à la tribune. Mais il me semble que je ne représenterais pas suffisamment la commission qui m'a chargé de vous soumettre son rapport, si je ne venais vous dire pourquoi elle a inscrit ces modifications et pourquoi elle vous propose de les maintenir. Je serai très-bref dans les explications qui concernent les quatre points attaqués par M. Bouley.

Le premier point a trait à la fluxion périodique des yeux. Ici, messieurs, nous pouvons avoir trois intérêts en présence. Il y a l'éleveur, ou premier vendeur; il peut y avoir l'intermédiaire, le maquignon; il y a enfin l'acheteur définitif, celui entre les mains duquel se trouve le cheval. Je vous demande la permission d'examiner en quelques mots la question au point de vue de ces trois intérêts.

Nous dirons d'abord, nous qui sommes des agriculteurs, nous qui représentons les intérêts agricoles, que l'intérêt qui nous importe le plus, c'est celui de l'éleveur, du vendeur primitif, et son intérêt à celui-là serait de supprimer absolument la garantie de la fluxion périodique. Eh bien! pour le vendeur même, nous sommes obligés de le dire, il sait quand son cheval a la fluxion, du moins il le soupçonne fort; alors il trompe son acheteur. Si ce n'est pas lui qui trompe, mais qu'il ait des doutes sur la bonne foi de son acheteur, il est toujours maître de la situation. Il a toujours droit de dire : Je vous vends un cheval, sous la condition que vous me donnerez une décharge. Pour mon compte, chaque fois que j'envoie à la foire un cheval qui est encore soumis aux chances de la fluxion périodique, si l'acheteur est étranger, je ne manque jamais d'exiger un billet de décharge. Si c'est un homme du pays, je ne l'exige pas. Voilà la distinction qu'il y a à faire dans la pratique, voilà ce qui se fait; de sorte que j'ai raison de dire que le vendeur primitif, que l'éleveur est toujours maître de la situation. Quand le Conseil d'État a proposé ce texte sur les vices rédhibitoires, il a commencé par dire : — *à moins de condition contraire,* — c'est-à-dire que les parties ont toujours le droit de se soustraire à l'action de la loi. Mais seulement, en l'absence de convention, quand l'éleveur a vendu un cheval qui n'était pas sain et qu'il voulait le faire croire tel, seulement dans ce cas il y a lieu à l'action rédhibitoire.

L'intérêt de l'intermédiaire, du maquignon, celui-là j'en suis moins frappé. On vous a dit que son capital restait improductif pendant 30 jours; eh bien! de deux choses l'une : ou il a des bénéfices suffisants, ou il prendra ses précautions lui-même. Mais pour l'acheteur définitif et sérieux qui paie et qui conserve, ce délai de 30 jours est absolument indispensable. Vous payez un animal 1,000 fr. parce qu'il a deux yeux, il ne vaut plus que 200 ou 300 fr., 100 fr. même s'il est aveugle.

Voilà, je crois, messieurs, la distinction qu'il importe de ne pas perdre de vue. S'il y a un vice qui doit être classé comme rédhibitoire, c'est celui qu'il est impossible de distinguer au moment de l'achat, et c'est ce que la commission a voulu faire quand elle vous a proposé de maintenir cet article de la loi de 1836. On vous a dit, messieurs, que les accès pouvaient aller à 2 mois, 3 mois, un an, mais des excep-

tions de ce genre ne peuvent modifier la règle commune, ce n'est pas
en vue d'exceptions que la loi a été édictée, et on n'a jamais demandé
plus de 30 jours. Si cette fluxion si peu périodique se manifeste plus
tard, tant pis pour l'acheteur. Il a été protégé pendant 30 jours, il ne
peut pas l'être indéfiniment. On a pu dire qu'il est quelquefois difficile
de constater la vérité, qu'on peut être trompé par de fausses manœuvres. Mais la même chose existe pour tout ce qui dépend du jugement
des hommes, et tous ceux qui ont assisté à des conseils de révision en
ont été témoins. On simule toute espèce d'infirmités, des ulcères, des
plaies aux jambes. Mais il y a le médecin qui est là, et qui déclare
quand c'est ou non un ulcère qui peut exempter; autrement cela n'empêche pas de déclarer le conscrit bon pour le service. En cas de doute,
on a recours au médecin, comme on a recours au vétérinaire; il faut
admettre que l'homme de l'art sait connaître la maladie. Il peut à la
vérité y avoir des erreurs; elles sont moins fréquentes qu'on ne veut
quelquefois le faire croire, et pour la question spéciale qui nous occupe,
il ne convient pas d'insister sur la difficulté d'apprécier la fluxion périodique. Cette difficulté n'existe pas, mais, quand même elle existerait,
ce ne serait pas un motif pour supprimer la garantie de la loi lorsqu'il
y a nécessité et possibilité de constater ce vice.

En ce qui concerne l'emphysème pulmonaire, ce n'est pas votre
commission elle-même qui en a demandé l'inscription. Comme j'ai eu
l'honneur de vous le dire, au contraire, elle s'est efforcée de respecter
la rédaction qui avait été élaborée par le Conseil d'État. Elle a trouvé
ce mot; elle l'a respecté et elle a compris qu'il voulait indiquer la
pousse, et, malgré les réclamations qui s'étaient produites contre le
maintien de la pousse au nombre des vices rédhibitoires, il est incontestable que c'est une des circonstances qui doivent donner lieu à indemnité, d'après l'esprit de la loi de 1836, puisqu'elle diminue d'une
manière très-notable la valeur de l'animal.

En ce qui concerne la méchanceté, votre commission a trouvé ce
mot, c'est-à-dire ce vice introduit dans le Code rural. Elle a pensé
qu'indiqué d'une manière générale, sans correctif, ce mot était trop
vague; elle a pensé qu'il devait être spécifié. Elle ne croit pas certainement qu'on puisse dire : nous attendrons qu'il y ait un homme mort,
ou même qu'il y ait un bras ou une jambe cassée pour dire au vendeur
qu'il y a lieu à indemnité. Non, il y a des choses que le législateur doit
prévoir et prévenir. Quand un animal est suffisamment méchant pour
mettre en danger la vie de l'homme qui le soigne, qui en approche, qui
l'attelle, cela suffit pour appliquer le principe que nous proposons. Pour

de pareilles contestations il n'est besoin ni de médecins, ni de vétérinaires. Tous les ans, dans tous les régiments, on réforme un certain nombre de chevaux parce qu'ils sont méchants, dangereux pour leur cavalier, pour celui qui les soigne, pour celui qui les monte. La même chose a lieu dans toutes les compagnies, dans tous les services publics; on réforme un certain nombre de chevaux parce qu'ils mettent en péril la vie des palefreniers. Voilà des chevaux qui constituent un danger pour la vie de l'homme ; il n'est point besoin de constatations scientifiques pour décider si un cheval est dangereux. Telle est l'intention que la commission a eue en inscrivant cette disposition.

En ce qui concerne la rétivité, j'aurai peu de chose à dire, le principe ayant été reconnu par l'éminent professeur. Je crois que quand elle est caractérisée par un refus absolu et constant de se laisser utiliser, il y a lieu de rendre l'animal. Il est évident que lorsqu'on aura fait plusieurs essais, quand une expertise constatera qu'un homme plus adroit pourra s'en servir, alors c'est l'homme qui est en faute et non pas l'animal, et il n'y aura pas lieu à revenir sur le marché. (*Très-bien !*)

M. Guerrapain. Messieurs, pour conserver la fluxion périodique des yeux, on vous a dit : mais le vendeur sait la chose qu'il vend ! Il faut plutôt dire : il est censé la savoir. La fluxion périodique apparaît spécialement sur les jeunes chevaux qui n'ont encore rien fait, qui sont sous l'influence de forts travaux, et qui, après avoir été dans un certain milieu, sont affectés de maladies de l'œil. Vous n'accuserez donc pas toujours le vendeur d'avoir dissimulé une maladie qui n'existait pas.

Il y a deux autres cas. Le propriétaire peut soupçonner une fraude. Alors on vous dit qu'en cas de soupçons, il y avait lieu de demander une décharge. Que produira cette demande de décharge? Certes, elle produira une diminution considérable dans la valeur de l'animal. Eh bien! quand vous aurez demandé cette décharge, ce qui a pour but de vous enlever un soupçon, si on s'y soumet, il en résultera une valeur bien moins considérable pour votre cheval. Eh bien! faisons la supposition inverse, qu'au lieu que vous demandiez une décharge, l'acheteur vous demande une garantie. Alors vous pourrez formuler un délai dont vous débattrez la durée. Je dis donc que de même que le vendeur peut demander une décharge, l'acquéreur peut demander une garantie. Il n'est pas besoin pour cela de l'inscrire dans la loi.

Pour l'emphysème pulmonaire, il y a une difficulté. Il est difficile de distinguer l'emphysème pulmonaire. Il est complétement impossible de l'assimiler à la pousse. La pousse qui a fait le sujet de procès innombrables, la pousse est rarement une maladie aiguë. C'est une affection chronique du poumon ou des bronches. Nous sommes constamment aux prises avec les difficultés dont cette affection est la cause, et il est très-délicat de se prononcer, même après une longue expérience, même quand on a une véritable science pratique. Les procès occasionnés par la pousse sont innombrables. Il faut donc, je le répète, rayer la pousse, parce que quand la pousse résulte de l'emphysème pulmonaire elle saute aux yeux de tout le monde.

La méchanceté; pourquoi existerait-il une loi contre la méchanceté, contre laquelle l'acquéreur est suffisamment armé?

Une voix. Alors il faut attendre qu'un accident soit arrivé?

M. Guerrapain. Il n'est pas nécessaire qu'il y ait eu accident quand un cheval vraiment méchant a été vendu, et beaucoup de ces ventes ont fait l'objet de procès; M. Bouley vous en a cité un, je pourrais en citer d'autres. Quand une vente pareille a lieu, les tribunaux sont très-sévères vis-à-vis du vendeur.

Enfin, pour la rétivité, je vous l'ai dit, elle n'a pas le caractère d'un vice rédhibitoire, et l'acheteur peut toujours se rendre compte si le cheval est atteint de la rétivité.

M. le président. Je mets aux voix le premier paragraphe de l'article 83.

Le premier paragraphe est adopté dans les termes suivants :

Art. 83. — Vices rédhibitoires : *Pour le cheval, l'âne ou le mulet, la morve, le farcin, l'immobilité, le cornage chronique, le tic avec ou sans usure des dents, les boiteries anciennes intermittentes, la méchanceté quand elle constitue un danger pour la vie de l'homme, la rétivité quand elle est caractérisée par le refus absolu et constant de se laisser utiliser au service auquel l'animal est destiné.*

M. Guerrapain a demandé la parole sur les vices rédhibitoires de l'espèce bovine.

M. Guerrapain. Je ne viens point du tout combattre les conclusions du rapport. Je viens seulement y faire ajouter un mot, et le voici. Cette maladie, ou plutôt cet accident qu'on nomme renversement du vagin, est un accident qui survient à la suite de plusieurs causes. L'une de ces causes sont des manœuvres plus ou moins mal faites, et dans ce cas l'accident se montre dans les quelques mois qui suivent la parturition; mais le plus souvent, notez-le bien, le renversement du vagin, ce que les paysans appellent — *le sabot,* — n'est qu'un état particulier des organes de la gestation et de ses annexes au moment où l'animal se rapproche de la parturition. Prenez une jeune bête qui porte depuis sept ou huit mois, qui se trouve dans la dernière période de la gestation, faites-lui faire, surtout si la bête est primipare, une course au pas un peu prolongée; si elle a à grimper des pentes un peu rapides, cet accident sera très-fréquent. Dans les jours qui suivront, vous verrez apparaître le vagin et le col de l'utérus. Eh bien! ce résultat est loin de pouvoir être attribué au vendeur. Il est, presque dans tous les cas, le résultat d'une course un peu longue, il est le résultat d'une préparation anticipée à la parturition.

Je propose qu'il soit ajouté, dans la loi de 1838 : — *après le part récent.* On ne peut être puni d'une faute qu'on n'a pas commise. Cependant les tribunaux restent dans le texte de la loi, et ils prononcent la résolution de la vente alors qu'il n'y aurait pas lieu, alors que le vendeur ne saurait être responsable de la course plus ou moins longue qu'on a fait faire à l'animal acheté. Je demande qu'il soit dit, ainsi que cela avait été proposé par la Société de médecine vétérinaire, en 1868, je demande qu'il soit ajouté: — *après le part récent.* — Alors personne ne sera trompé; les vétérinaires sauront parfaitement quand ils devront conclure à la rédhibition ou à la non-rédhibition.

M. Bouley. Messieurs, un seul mot. De l'ancienne loi il résultait quelque chose d'ambigu et de dangereux. Effectivement, quand la vache avait été vendue à un premier marchand après la parturition, et que ce premier marchand la revendait, on prétendait qu'il n'y avait pas lieu à rédhibition. Pour faire disparaître cette ambiguïté, on a adopté la rédaction actuelle, dont je vous demande le maintien, — *quand le part est antérieur à la livraison.*

Je demande le maintien du texte de la commission.

M. Guerrapain Alors vous acceptez par le fait de rendre rédhibitoire un accident, et, notez bien, un accident qui peut provenir du fait de l'acheteur : ce serait consacrer l'injustice par une loi; c'est impossible. Il faut que vous reconnaissiez avec moi que, quand un vendeur vend une vache qui est en état de gestation depuis sept ou huit mois, elle peut présenter, en arrivant chez l'acquéreur, les caractères déjà indiqués, et ce ne peut pas être le résultat d'une parturition chez le vendeur : cela n'est pas possible. Généralement, quand la chute du vagin est le résultat d'un accident à la suite de la parturition chez le vendeur, cet accident paraît tout de suite, et il disparaît pendant la gestation qui suit; si, au contraire, ce résultat a eu lieu pendant que l'animal était entre les mains de l'acquéreur, vous ne pouvez pas en rendre le vendeur responsable. Je demande qu'il soit ajouté — *et que le part dernier ne soit pas éloigné.*

Une voix. C'est bien élastique!

M. DE LA TEILLAIS. La rédaction de la commission porte : *si le part est antérieur à la livraison.* — Quel part? Évidemment, celui qui est la cause de l'accident? — Mais si le part n'a pas eu lieu, dites-vous? Je vous réponds : Attendez donc qu'il ait eu lieu pour qu'il y ait responsabilité. (*C'est évident!*)

La proposition de la commission est mise aux voix et adoptée.

M. LE PRÉSIDENT. Nous passons à l'addition proposée par M. Guerrapain.

La proposition de M. Guerrapain, mise aux voix, n'est pas adoptée.

M. LE PRÉSIDENT. Maintenant, messieurs, nous arrivons à l'espèce ovine.

Pour l'espèce ovine, les vices rédhibitoires sont la clavelée et le sang de rate. Je mets aux voix cette partie des propositions de la commission.

Ces propositions sont mises aux voix et adoptées.

M. PLUCHET. Messieurs, j'ai l'honneur de proposer à l'assemblée d'ajouter le tournis au nombre des vices rédhibitoires applicables à l'espèce ovine, et voici pourquoi : c'est que cette maladie peut ne pas se manifester au moment de la vente. Quelques jours après, l'accès peut se déclarer dans les bergeries d'un propriétaire et lui occasionner de très-grandes pertes. Si surtout le tournis se déclare chez les reproducteurs, chez les béliers, cette perte est extrêmement importante. J'avais demandé à la commission de vouloir bien le comprendre dans ses propositions, mais elle n'a pas partagé cet avis. Je soumets ce vœu à l'assemblée et je la prie de vouloir bien l'accueillir.

M. DE LA TEILLAIS. La commission n'a pas cru devoir accepter l'inscription du tournis, qui n'avait pas été acceptée non plus, ni par la Société de médecine vétérinaire, ni par le projet des rédacteurs du Code rural.

M. LE PRÉSIDENT. Je mets aux voix la proposition d'ajouter le tournis au nombre des vices rédhibitoires.

Cette proposition, mise aux voix, n'est pas adoptée.

M. LE PRÉSIDENT. Nous arrivons à la race porcine. Le seul cas proposé est la ladrerie.

Cette proposition est mise aux voix et adoptée.

M. LE PRÉSIDENT. L'article 85 étant retiré par la commission, je passe à l'article 86 dont on vous propose la suppression.

La suppression est votée.

M. LE COMTE DE VOGUÉ, de sa place. Je voudrais supprimer la phrase suivante de l'article 95 : « et s'oppose à ce que le propriétaire qui en souffre s'y introduise pour les détruire lui-même. »

Le premier venu, sous prétexte de détruire les lapins, animaux nuisibles, aurait ainsi le droit de pénétrer dans toutes les propriétés voisines, et pourrait tuer toute espèce de gibier non nuisible. L'occasion fait le larron. La destruction des lapins peut se faire d'une manière très-efficace par des furetages, des battues.

M. DE LA TEILLAIS. Messieurs, je ne dirai qu'un mot. Cette question des lapins paraît très-simple ; elle présente pourtant de grandes difficultés, et j'ai vu s'engager à cette occasion, dans mon voisinage, des procès nombreux. Pour le propriétaire d'un terrain sur lequel existent des lapins, quelle est l'obligation ? quelle est la responsabilité ? Il est certain que si son voisin en souffre, il peut demander une indemnité, il peut s'adresser à la justice, et la justice la lui alloue à peu près toujours. Comment le propriétaire peut-il se mettre à l'abri ? Il y a deux moyens : le premier c'est de détruire lui-même les lapins ; c'est le plus radical, mais il est souvent difficile. Dans les coteaux, par exemple, la destruction n'est pas possible. Il est un autre moyen de se mettre à l'abri, c'est de dire au cultivateur qui éprouve un dommage réel, c'est de lui dire : détruisez-les vous-même, je vous y autorise. Le propriétaire n'a que ces deux moyens pour échapper à une demande d'indemnité : ou bien se charger lui-même de la destruction des lapins, ou bien, s'il ne peut pas s'en charger, il dira à celui qui souffre de ce voisinage : je vous autorise à les détruire vous-même.

M. DE WAILLY. Il me semble que c'est une grande atteinte à la propriété que la proposition faite par la commission ; c'est une chose entièrement nouvelle. La législation force évidemment le propriétaire à être responsable des dommages qui sont de son fait, mais elle ne peut pas vouloir, et jusqu'à présent elle n'a jamais voulu qu'un individu pût s'introduire dans les propriétés ; car il est très-vrai que les lapins font beaucoup de mal, mais il est aussi très-vrai qu'on exploite beaucoup ce motif-là. Par conséquent, si vous admettez que le premier individu peut se plaindre du dommage que lui causent vos lapins, et venir dans votre propriété, une fois qu'il y sera, non-seulement il peut détruire les lapins, mais encore tout le gibier qui s'y trouve ; vous donnez au braconnage une prime importante. Quant à moi, je me suis trouvé dans cette position-là, on m'a souvent réclamé des dommages-intérêts, et je suis d'autant moins disposé à refuser les indemnités qui sont dues, que j'ai fait volontairement tout ce que l'on demandait. J'ai fait faire des battues, mais en faisant ces battues je reste entièrement maître des jours où elles ont lieu.

Par conséquent, je crois que l'amendement devrait admettre que le propriétaire sera maître d'ordonner et de permettre l'entrée à la personne qui se plaint, en réglant les heures et les jours, et en prenant toutes les dispositions possibles pour qu'il n'y ait point d'abus. Il y a eu de grands abus chez moi. Quand on y a détruit trois ou quatre lapins, on y a détruit dix ou douze lièvres et autant de faisans. Je demande que la question soit renvoyée à la commission pour qu'on l'étudie de nouveau.

M. JOSSEAU. Je crois qu'il est possible de nous mettre d'accord avec M. le comte de Vogüé. Si j'ai bien compris, je crois qu'en mettant le mot — *ou s'oppose* — à la place de — *et s'oppose* — tous les intérêts seraient sauvegardés.

VOIX DIVERSES. La division !

M. LE PRÉSIDENT. Messieurs, on demande la division?... (*Oui! oui!*) Je mets aux voix la première partie du paragraphe :

Art. 95. — *Tout propriétaire d'un terrain, même clos, qui y possède une garenne ou un clapier, ou qui a négligé d'y détruire des terriers, est responsable du dommage causé par les lapins qui y sont établis.*

Cette première partie est mise aux voix et adoptée.

M. LE PRÉSIDENT. Nous passons à la seconde partie :

Il encourt la même responsabilité si, n'ayant ni garenne ni clapier, il néglige de détruire les lapins établis dans sa propriété sans son fait, et s'oppose à ce que le propriétaire qui en souffre s'y introduise pour les détruire lui-même.

M. DE WAILLY. Nous demandons la division. Votons d'abord sur ces mots — *il encourt,* jusqu'à ceux-ci — *et s'oppose.*

Cette partie est mise aux voix et adoptée.

La fin du paragraphe n'est pas adoptée.

M. LE PRÉSIDENT. Il reste à voter sur la fin du paragraphe :

A raison de la responsabilité ci-dessus, le propriétaire est autorisé à détruire ou à faire détruire lesdits animaux en tout temps et par tous les moyens.

La fin du paragraphe est mise aux voix et adoptée.

L'ensemble des conclusions de la commission est ensuite adopté.

M. LE PRÉSIDENT. Je suis saisi d'une proposition additionnelle présentée par MM. de Felcourt et E. Monnier, concernant la destruction des sangliers.

Voix nombreuses. Oui! oui! Appuyé!

M. Josseau. Messieurs, je dois faire cette remarque que la proposition dont il s'agit n'a point été soumise à la commission. J'ajoute un renseignement, c'est que ce matin la 9ᵉ section a été saisie de tout un projet tendant à réformer la loi de 1844 sur la chasse. Elle a décidé qu'il serait renvoyé à l'examen d'une commission qui l'étudiera pendant l'intervalle des deux sessions, et qui, à la session prochaine, présentera des conclusions et un rapport. Peut-être trouverez-vous bon de lui renvoyer aussi la proposition qui vient d'être faite. Du reste, je m'en rapporte à l'assemblée.

M. de Wailly. Je demande aussi le renvoi à la section de sylviculture. (*Oui! oui!*)

M. le-Président. La proposition est donc renvoyée aux 4ᵉ et 9ᵉ sections.

SESSION GÉNÉRALE DE 1874.

Séances des 11 et 12 février.

Conformément à la décision prise par l'assemblée générale, les sections de législation rurale et de sylviculture préparèrent et présentèrent, dans la session de 1874, un projet de loi sur *la chasse et le braconnage.* Nous détachons du rapport de M. de Vivès le chapitre relatif à la destruction des animaux nuisibles à l'agriculture.

LOUVETERIE.

Destruction des animaux nuisibles.

Passant à l'examen des résultats obtenus jusqu'ici pour la destruction des animaux nuisibles, votre commission a pensé qu'il y avait sous ce rapport encore beaucoup à faire. Nous savons tous que les bêtes nuisibles et dangereuses sont loin de disparaître; vous avez pu lire souvent le compte rendu de ravages causés par les loups dans les bergeries et jusque dans l'intérieur des villages; les sangliers font encore plus souvent parler d'eux, et si leur chasse présente un grand plaisir à l'amateur des exercices cynégétiques, si leur chair préparée par un bon cuisinier fait très-bon effet sur la table d'un gourmet, leurs déprédations portent un grand préjudice aux propriétaires des prés, que ces animaux retournent avec la plus grande facilité, et des champs ensemencés qu'ils ne se font pas faute de bouleverser et fourrager depuis l'époque des semailles jusqu'à la veille de la récolte. Les lapins, que leur petite taille et leur air inoffensif pourraient faire considérer comme d'agréables voisins de campagne, profitent du peu de crainte qu'ils inspirent pour s'installer convenablement et élever leurs nombreuses familles dans l'abondance, au détriment des récoltes de céréales et des plantations de bois, de manière à rendre inutiles les efforts des cultivateurs et des planteurs. Les renards, dont la réputation est moins bonne mais plus flatteuse pour leur amour-propre, n'en élèvent pas moins leur progéniture à l'aide des produits des basses-cours, des jeunes levreaux, des couvées de faisans, perdreaux, cailles, etc.

C'est, messieurs, des officiers de louveterie et des agents forestiers que l'on a attendu jusqu'ici la destruction des animaux nuisibles. Notre session est trop courte pour que j'abuse de votre temps en vous faisant assister au long historique de la louveterie, depuis les *luparii*, institués en 813 par un capitulaire de Charlemagne, jusqu'à nos jours. Ce qu'il nous importe d'étudier ensemble, c'est l'organisation actuelle de la louveterie. Vous savez, messieurs, qu'un lieutenant de louveterie est nommé tous les ans par les préfets, à raison d'un par arrondissement. Les fonctions de louvetier, fonctions toutes de dévouement, ne sont confiées qu'à ceux qui veulent bien les accepter, car aujourd'hui elles entraînent des charges pour les titulaires sans aucune compensation ; aussi beaucoup d'arrondissements et même de départements n'ont pas de lieutenants de louveterie, ce qui n'empêche pas les loups et autres bêtes malfaisantes de s'installer de leur mieux où ils le jugent convenable, sans s'occuper de la présence ou de l'éloignement des lieutenants de louveterie ; il faut ajouter que les animaux dont nous parlons ne s'inquiètent pas davantage de la présence ou de l'absence des agents forestiers : ils savent probablement que ces derniers ne sont pas chasseurs, et que leurs occupations ne leur permettent pas de suivre ces animaux de près.

Or, pour les personnes qui connaissent les habitudes des loups et des sangliers, il est constant que ces habitants des bois et forêts séparés en massifs distants les uns des autres par des plaines plus ou moins étendues, sont tantôt dans un bois, tantôt dans un autre, à plusieurs lieues de distance ; les femelles elles-mêmes, aussitôt que leurs petits sont assez grands pour supporter les excursions, les emmènent d'abord dans le voisinage, puis agrandissent leurs parcours et finissent par les conduire, au bout de peu de temps, aussi loin que les bêtes adultes. Les propriétaires donc, ou les chasseurs, auxquels ces animaux sont signalés, s'ils doivent attendre une autorisation pour les chasser et les détruire, s'ils doivent attendre que le lieutenant de louveterie ou l'agent forestier puisse venir, sont certains de ne plus les trouver et que la chasse officielle sera infructueuse.

C'est ce qui a engagé plusieurs d'entre vous à émettre le vœu que les lieutenants de louveterie et les chasseurs munis d'autorisations spéciales, puissent chasser le loup et le sanglier toute l'année et en tout temps. Les pétitionnaires auraient pu ajouter que cette mesure est prise par les préfets dans plusieurs départements, notamment dans celui de la Marne.

Votre commission, messieurs, n'a pas cru devoir s'associer à ce désir, elle s'est bornée à émettre le vœu :

Que les chasses et battues pour la destruction des animaux nuisibles puissent être autorisées par les sous-préfets et dirigées par les lieutenants de louveterie, et, au besoin, par les agents forestiers et officiers de gendarmerie ;

Que le nombre des lieutenants de louveterie soit augmenté autant que possible et ne soit pas limité à celui des arrondissements ; qu'en un mot les formalités à remplir pour l'obtention des autorisations de destruction soient simplifiées le plus possible.

Votre commission a émis, en outre, l'avis qu'il y a lieu de recommander au Gouvernement l'application du règlement du 20 août 1814, concernant la louveterie.

Vous apprécierez, messieurs, si ces mesures sont de nature à assurer la destruction des animaux nuisibles.

Pour encourager la destruction des loups, votre commission a été d'avis d'élever le chiffre de la prime à distribuer aux destructeurs de ces animaux.

Cette prime était, depuis 1814, de :

> 18 francs pour une louve pleine ;
> 15 — une louve non pleine ;
> 12 — un loup ;
> 6 — un louveteau.

Elle propose d'appliquer le tarif du 10 messidor an V, et de porter cette prime à :

> 50 francs pour une louve pleine ;
> 40 — une louve non pleine ou un loup ;
> 20 — un louveteau ;
> 150 — un loup, enragé ou non, qui se serait jeté sur des hommes ou des enfants.

Malgré la demande qui en a été faite, votre commission n'a pas pensé qu'il y eût lieu d'accorder de prime aux destructeurs d'autres animaux nuisibles, et cela parce que la valeur de leur chair ou de leur peau est de nature à indemniser suffisamment les destructeurs. Cet avis a été adopté sous la réserve que les animaux nuisibles puissent être transportés, vendus et achetés en tout temps, conformément à la proposition que j'ai eu l'honneur de vous faire lors de l'examen de l'article 12 de la loi de 1844.

M. le comte d'Esterno a proposé un moyen infaillible, selon lui, pour la destruction des loups ; l'honorable membre a déposé un mémoire tendant à faire exécuter des expériences avec ensemble. Votre commission, tout en remerciant M. le comte d'Esterno de sa communication et en appréciant l'efficacité du moyen proposé par lui, a pensé que l'encouragement de la prime fixée comme il a été dit plus haut suffirait pour que la destruction abandonnée à l'initiative privée fût suivie de résultat.

Si les loups et les sangliers sont les animaux les plus redoutables, il en est cependant d'autres dont les dégâts, moins visibles quand ces animaux sont en petit nombre, deviennent très-considérables si on les laisse multiplier. De tous, les plus dangereux sont les lapins. Votre commission a pensé qu'il y avait lieu de donner aux propriétaires et cultivateurs le moyen de combattre cet ennemi. Le seul moyen serait que les préfets pussent autoriser les propriétaires de bois ou bruyères servant de retraite à ces petits animaux, à les chasser en tout temps. L'autorisation ainsi accordée devrait être renouvelée tous les ans et ne le serait qu'après qu'il aurait été constaté que les lapins sont en assez grand nombre pour être nuisibles.

Enfin, messieurs, votre commission s'est demandé s'il n'y avait pas lieu d'émettre le vœu que les animaux nuisibles fussent désignés par un règlement d'administration publique applicable dans toute la France ; elle a pensé qu'il importait de laisser aux préfets la détermination des animaux nisibles qui, en effet, ne sont pas les mêmes dans le midi que dans le nord de la France, dans l'est que dans l'ouest.

Après discussion, les conclusions des sections, amendées par MM. d'Esterno et d'Andigné, sont adoptées dans les termes suivants :

En ce qui concerne la louveterie et la destruction des animaux nuisibles, la Société émet le vœu :

1° Que les chasses ou battues pour la destruction des animaux nuisibles puissent être autorisées par les agents forestiers et dirigées par des lieutenants de louveterie, et au besoin par les agents forestiers ou les officiers de gendarmerie ; que le nombre des officiers de louveterie soit augmenté autant que possible et ne soit pas limité à celui des arrondissements ; qu'enfin les formalités à remplir pour l'obtention des autorisations de destruction soient simplifiées le plus possible ;

Que le Gouvernement soit invité à appliquer le règlement du 28 août 1814, concernant la louveterie ;

Que les animaux nuisibles détruits par le poison soient la propriété de celui qui aura placé les amorces empoisonnées, lors même qu'ils auraient été trouvés par un autre ;

2° Qu'il soit fait retour, pour les primes à distribuer aux destructeurs de loups, au tarif du 19 messidor an V, lequel accordé 50 francs pour une louve pleine, 40 francs pour une louve non pleine et un loup, 20 francs pour un louveteau et 150 francs pour un loup, enragé ou non, qui se serait jeté sur une personne quelconque ;

3° Que les préfets puissent autoriser les propriétaires des bois et bruyères servant de retraite aux lapins, à les chasser en tout temps, mais sans chien.

L'autorisation ainsi accordée devrait être renouvelée tous les ans, et le sera seulement s'il est constaté que les lapins sont assez nombreux pour être nuisibles.

SESSION GÉNÉRALE DE 1877.

Séance du 19 février.

La question des primes à décerner pour la destruction des loups a été portée de nouveau en 1877 devant l'assemblée générale.

M. le comte d'Esterno, au nom de la section d'économie et de législation rurales, a demandé qu'en présence des malheurs que les ravages des loups venaient de causer dans divers départements, notamment dans la Dordogne, un vœu fût émis, tendant à l'adoption d'urgence par les Chambres, d'un projet de loi élaboré en 1876 par le Conseil d'État et qui fixerait les prix d'après le tarif suivant :

80 fr. pour loup ou louve ;
100 — louve pleine ;
200 — loup ou louve ayant attaqué l'espèce humaine;
40 — louveteau au-dessous de 8 kilogr.

Au-dessus de 8 kilogr., le louveteau se paye comme loup.

Ce vœu a été adopté à l'unanimité par l'assemblée générale dans la séance du 19 février.

TITRE COMPLÉMENTAIRE.

MODIFICATION DES ARTICLES DU CODE NAPOLÉON RELATIFS AUX CLOTURES, A LA MITOYENNETÉ DES FOSSÉS ET DES HAIES, AUX PLANTATIONS, AU PASSAGE EN CAS D'ENCLAVE ET AU PRIVILÉGE DES ENGRAIS SUR LA RÉCOLTE.

SESSION GÉNÉRALE DE 1874.

Séance du 5 février.

RAPPORT

de M. Thomas sur le privilége du vendeur d'engrais.

MESSIEURS,

La section d'économie et de législation rurales a été chargée d'examiner une proposition qui, modifiant l'article 2102 du Code civil, accordait au vendeur d'engrais *un privilége général, primant celui du*

*propriétaire et convertissant en priviléges généraux les priviléges spé-
ciaux accordés par le même article au vendeur d'ustensiles et au fournisseur de semence.*

Après un débat contradictoire, la 9ᵉ section a repoussé l'extension
du privilége de ces deux derniers fournisseurs, et elle a émis le vœu
*qu'un privilége primant celui du propriétaire fût accordé au vendeur
d'engrais sur le prix de la récolte de l'année.*

Elle m'a fait l'honneur de me nommer rapporteur et m'a chargé de
vous proposer d'adopter le vœu qu'elle a émis.

Avant qu'aucun débat fût engagé devant la 9ᵉ section, son président,
M. Josseau, lui a fait une communication de la plus grande importance,
c'est celle des études préliminaires de la question, faites d'abord par
une commission nommée par le ministre de l'agriculture, puis par la
commission supérieure de l'enquête agricole et enfin par le Conseil
d'État. Il résulte de ces travaux des avis favorables à la création d'un
privilége en faveur des vendeurs d'engrais.

La connaissance de ces avis éclairés a dû, comme vous pouvez le
penser, exercer une grande influence sur la détermination prise par la
majorité des membres de la 9ᵉ section, et il est présumable qu'elle
pèsera d'un grand poids sur la décision que vous avez à prendre.

La première question, examinée au sein de la 9ᵉ section, a été celle
de savoir si la mesure proposée était équitable.

La majorité a pensé que le vendeur d'engrais était dans une position
aussi favorable que le vendeur de semence, qu'il y avait justice à les
placer dans une situation identique. Tous deux contribuent *directement*
à produire la récolte, le vendeur d'engrais dans une proportion beaucoup plus forte que le vendeur de semence. En effet, pour ensemencer
un hectare de blé, il faut deux hectolitres de froment valant 40 fr. et
au minumum pour 120 fr. d'engrais.

La récolte produite par ces deux substances réunies venant assurer
le paiement des fermages dus au propriétaire, il est de toute justice
que les fournisseurs d'engrais et de semences soient payés avant lui.

Le silence gardé par les rédacteurs du Code civil, à l'égard du vendeur d'engrais, n'établit pas une objection contre la légitimité de son
droit au privilége; il s'explique tout naturellement par le mode de culture en usage en 1804, époque de la promulgation du Code civil.

On ne faisait pas alors usage d'engrais, le législateur ne pouvait
donc se préoccuper d'assurer un privilége à une industrie qui n'était
pas née.

Ces raisons, messieurs, seraient peut-être suffisantes pour déterminer votre conviction, mais il s'agit de créer un privilége primant celui
dont les propriétaires sont en possession depuis un temps immémorial; à première vue, cette innovation peut paraître porter atteinte
aux garanties que la législation actuelle donne aux propriétaires,
éveiller les craintes de quelques-uns d'entre eux; votre 9ᵉ section a
pensé qu'il était de son devoir d'examiner si ces craintes étaient
fondées.

Il n'est peut-être pas inutile de constater combien est minime le nombre des propriétaires qui ont besoin de demander protection à l'article 2102 pour assurer le payement de leurs fermages. Sans qu'il soit besoin de recourir aux documents officiels de la statistique judiciaire, chacun de vous peut se rendre compte que, sur cent propriétaires, deux à peine ont besoin de réclamer l'exercice du privilége que la loi leur accorde.

Il serait donc bien rigoureux de refuser au vendeur d'engrais un privilége dont l'équité a été établie dans le seul but de protéger un si petit nombre de propriétaires.

La 9e section a été plus loin : elle a examiné si le privilége proposé en faveur du vendeur d'engrais, au lieu de porter atteinte aux droits des propriétaires, comme quelques personnes paraissent le craindre, *n'aurait pas pour ceux-ci les conséquences les plus avantageuses* dans l'état actuel de la législation qui ne donne aucune sécurité aux vendeurs d'engrais. Il n'y a guère que ceux d'entre eux qui livrent des engrais sans valeur qui peuvent faire de longs crédits aux fermiers; les bénéfices qu'ils font sont proportionnels aux chances de pertes auxquelles ils s'exposent.

Le jour où le payement des engrais sera assuré par un privilége, les vendeurs de bons engrais viendront tout naturellement se substituer aux vendeurs de mauvais engrais, ou tout au moins leur faire concurrence.

La sécurité donnée aux vendeurs d'engrais leur permettra d'accorder de plus longs délais, d'étendre leur commerce, conséquemment de multiplier et vulgariser l'emploi des engrais, sans lesquels il ne peut y avoir d'agriculture progressive.

Plusieurs conséquences découlent de cette progression dans l'emploi des engrais :

1° L'actif sur lequel le propriétaire est appelé à exercer son privilége sera augmenté.

Supposons qu'un hectare de froment cultivé sans engrais doive produire une récolte valant 200 fr.

Si le fermier ajoute pour 120 fr. d'engrais, en règle générale il devra produire un supplément de récolte dépassant la valeur de l'engrais mis en terre; en moyenne, il récoltera une fois et demie la somme dépensée : dans l'espèce, une récolte valant 200 fr., ce qui portera le produit total de l'hectare à 400 fr.

Après que le vendeur d'engrais, usant de son privilége, aura prélevé la somme de 120 fr., prix de l'engrais, il restera pour payer le propriétaire 280 fr., alors qu'avec une culture sans engrais, il ne pouvait exercer son privilége que sur 200 fr.

2° L'emploi de l'engrais amène des résultats qui, s'ils ne sont pas palpables comme une récolte, ne sont pas moins profitables aux propriétaires.

La richesse du sol sera accrue, le fermier, à la place d'une mauvaise culture qui le ruinait, en fera une rémunératrice qui lui permettra de payer ses fermages; produisant plus de paille, plus de fourrage, il fera plus de fumier, toutes choses qui profiteront à la terre.

3° Dans l'état actuel de la législation, un propriétaire intelligent, désireux de faciliter à son fermier l'emploi des engrais, n'a pas la faculté de consentir une antériorité au profit du vendeur d'engrais ; il faut qu'il renonce à exercer son privilége pour une somme égale au montant de l'engrais fourni, ce qui arrête nécessairement beaucoup de propriétaires.

Avec la modification proposée à l'article 2102, le vendeur d'engrais et le propriétaire pourront l'un et l'autre être intégralement payés.

Votre 9° section vous propose donc, messieurs, d'émettre le vœu que l'article 2102, 4°, du Code civil soit modifié de manière à conférer au vendeur d'engrais, sur la récolte de l'année, un privilége au même rang que celui du vendeur de semence et primant celui du propriétaire.

M. LE COMTE D'ESTERNO combat les conclusions de ce rapport, et établit une distinction entre les engrais qui fertilisent et ceux qui épuisent ; il fait allusion à ce que l'on a appelé en Angleterre la *maladie du guano,* et n'admet pas que le privilége du propriétaire puisse être primé par celui d'un marchand d'engrais qui aura contribué à détruire son gage en ruinant ses terres.

Le délai de quinze jours accordé au propriétaire pour s'opposer à ce privilége est illusoire.

Il faut repousser l'assimilation entre le fournisseur de semences et le marchand d'engrais. La semence est indispensable, l'engrais commercial ne l'est pas.

Il y a un danger qu'il faut craindre, c'est l'entente frauduleuse entre le fermier et le marchand d'engrais, au détriment du propriétaire.

M. THOMAS, rapporteur, soutient que sa proposition ne porte nullement atteinte aux droits du propriétaire ; qu'en faisant progresser l'agriculture, l'emploi plus abondant de l'engrais augmenterait la richesse rurale et, par conséquent, serait utile au propriétaire lui-même ; que, d'ailleurs, ce sont des propriétaires et non des fournisseurs d'engrais qui ont soulevé cette question.

M. MARC DE HAUT repousse la modification réclamée. On demande un privilége, chose grave, alors que la tendance générale est de dégrever la propriété des charges qu'elle supporte.

Il s'agit de fixer le rang de ce privilége, et de le placer avant celui du propriétaire.

Adopter cette double proposition, ce serait porter atteinte au crédit du fermier, en créant de nouveaux priviléges qui viendraient peser sur sa fortune.

On donne comme argument la nécessité de moraliser le commerce des engrais. Cette considération n'est pas admissible. Le seul moyen de vulgariser l'emploi des bons engrais, c'est la création de stations agronomiques.

Lors même qu'on admettrait le privilége du fournisseur d'engrais, faire primer le privilége du propriétaire par un autre serait agir contre les intérêts du fermier lui-même. Il n'a souvent d'autre gage à offrir au propriétaire que sa probité, son intelligence et sa récolte. D'ailleurs, on ne verrait aucun motif pour ne pas mettre sur le même rang le fournisseur de bestiaux et de fourrages.

Le Code civil a fort bien coordonné les choses : *la terre*, d'abord, *la semence* ensuite. Il serait dangereux de donner plus d'extension aux dispositions de l'article 2102; et, en tout cas, le privilége du propriétaire ne doit être primé par aucun autre nouveau privilége.

M. Josseau, en qualité de président de la section d'économie et législation rurales, tient à indiquer l'état de la question.

Elle a été, pour ainsi dire, imposée à la section par les précédents : vœux émis par de nombreuses sociétés d'agriculture; conclusions conformes d'une commission administrative nommée par le ministre de l'agriculture; avis favorable de la commission supérieure de l'enquête agricole; projet de Code rural élaboré par le Conseil d'État ; telles sont les autorités que la section peut invoquer en faveur de sa thèse.

On ne saurait admettre le reproche fait au rapport de soutenir exclusivement les intérêts des marchands d'engrais. L'initiative de la modification proposée vient de l'agriculture éclairée. Le privilége du propriétaire n'est pas battu en brèche par cette proposition, puisqu'il s'exerce sur un plus grand nombre d'objets.

M. le baron Thénard, président de la commission des engrais, déclare connaître dans le commerce des engrais un grand nombre de maisons présentant toutes les garanties de loyauté et de science. Ces maisons n'ont pas besoin de privilége spécial pour vulgariser l'emploi de bons engrais. Cette faveur ne servirait qu'à encourager les fraudes de certains industriels peu honnêtes.

Certains engrais ont presque doublé de valeur depuis quelques années. Cette augmentation des prix indique suffisamment l'accroissement de la demande.

La discussion étant close, on passe au vote.

L'assemblée ne croit pas devoir admettre les conclusions du rapport.

———

LIVRE DEUXIÈME.
Régime des eaux.

TITRE PREMIER.
EAUX PLUVIALES ET SOURCES.
(Art. 1 à 6.)

TITRE II.
COURS D'EAU NON NAVIGABLES ET NON FLOTTABLES.
(Art. 7 à 73.)

TITRE III.
DES RIVIÈRES FLOTTABLES A BUCHES PERDUES.
(Art. 74 à 77.)

TITRE IV.
DES FLEUVES ET DES RIVIÈRES NAVIGABLES OU FLOTTABLES.
(Art. 78 à 105.)

SESSION GÉNÉRALE DE 1870.
Séance du 28 janvier.

RAPPORT
de M. Raudot sur le régime des eaux et les irrigations.

I.

De toutes les améliorations agricoles, la plus assurée, la plus durable, la plus productive est sans contredit celle que produit l'irrigation, dans les terrains toutefois qui, par leur disposition en pente et par leur composition géologique, sont aptes à recevoir et à développer ses bienfaits.

On s'afflige, et avec juste raison, de ce que l'irrigation n'est pas plus répandue en France, et de ce que l'eau, au lieu de créer de grandes richesses, s'écoule inutile, souvent même nuisible, sur tant de points du territoire français. Une des grandes causes du peu de progrès des irrigations, c'est la prétention de l'administration d'être la maîtresse absolue des eaux.

Voici sa pensée nettement exprimée dans un rapport adressé au ministre de l'agriculture en 1844 par M. de Monny de Mornay, alors inspecteur général et depuis directeur de l'agriculture, rapport imprimé à l'imprimerie royale, par ordre du ministre :

« Je ne crois pas, y est-il dit, que la France puisse jamais utiliser complétement toutes les eaux si abondantes qui coulent sur son sol, tant que l'État, c'est-à-dire la communauté des citoyens, ne les possédera pas sans conteste, quels que soient leur volume et leur destination, ne les administrera pas, ne les concédera pas, avec ou sans conditions, et ne les répartira pas avec justice et impartialité entre l'agriculture et l'industrie manufacturière. »

Cette prétention de l'administration, expliquée avec tant de franchise dans ces paroles officielles, a été, pour l'Algérie, reconnue et consacrée par la loi du 16 juin 1851, sur la constitution de la propriété. Voici les termes de cette loi : « Le domaine public se compose des lacs salés, des cours d'eau de toute sorte et des sources[1] ; néanmoins...., etc. » Les eaux, même les sources, ne sont donc pas en Algérie la chose des particuliers, elles sont la chose de l'administration, qui en dispose comme elle l'entend.

En France cette prétention a trouvé pour obstacle d'abord le Code civil, qui donne les sources au propriétaire du sol, et qui donne aux riverains des cours d'eau non navigables, ni flottables par trains, le droit d'user de l'eau ; puis les lois, dites Dangeville, du 29 avril 1845 et du 11 juillet 1847, qui reconnaissent aux propriétaires le droit de disposer de certaines eaux et leur donnent des facilités pour user de ce droit. Mais l'administration, plus puissante que le Code civil, fait prévaloir ses prétentions par la jurisprudence du Conseil d'État et amène la France au régime des eaux en Algérie, c'est-à-dire à l'État propriétaire unique des eaux. La communauté des citoyens, selon l'expression de M. de Mornay, les possède toutes. Nous arrivons, pour cette partie si importante de la richesse publique, au communisme et à ses conséquences déplorables.

Examinons, en effet, les résultats du système de l'administration.

Parlons d'abord des rivières navigables.

Personne ne peut utiliser la moindre parcelle de l'eau d'une rivière navigable, ni pour créer des usines, ni pour l'irrigation, sans une autorisation du Gouvernement. Pour obtenir celle-ci, il faut force démarches, protections, enquêtes, temps et argent perdus, et en cas de succès, après de grands travaux et des frais faits pour utiliser l'eau, l'administration sera toujours maîtresse de retirer ses faveurs et de ruiner votre entreprise.

Avec un pareil régime, quelles améliorations considérables, multi-

---

[1] Dans la séance de l'Assemblée nationale du 25 avril 1851, je m'élevai avec énergie contre cette fatale disposition : je ne pus la faire changer, mais j'eus au moins la satisfaction de faire reconnaître par la loi les droits acquis antérieurement sur les sources et les eaux, et la juridiction des tribunaux pour en assurer le maintien. (Voir la séance du 16 juin 1851.)

pliées, les riverains peuvent-ils tenter pour les eaux surabondantes des grands cours d'eau, qui entraînent cependant des limons si précieux ?

Quant aux cours d'eau qui ne sont pas navigables, les inconvénients du système de l'administration sont bien plus grands encore. Pas un barrage, pas un réservoir, pas une seule usine sur le plus petit cours d'eau ne peuvent être faits ou modifiés sans une autorisation préalable de l'administration, toujours maîtresse de réglementer à sa fantaisie et de retirer ses faveurs.

Pouvait-on imaginer rien de mieux pour entraver l'établissement des usines et des irrigations et leur perfectionnement ?

L'administration prétend administrer les eaux, les concéder avec ou sans conditions et les répartir, comme le dit M. de Mornay, entre l'agriculture et l'industrie avec justice et impartialité. Mais chaque administrateur comprendra cette justice et cette impartialité d'une manière différente, c'est-à-dire que l'administration, sous des mots pompeux, s'arroge le droit de donner aux uns et de retirer aux autres, sans aucune autre règle possible que sa volonté, enrichissant celui-ci, ruinant celui-là. Ses règlements d'eau ne peuvent être que de l'arbitraire le plus pur. Contre les règlements des préfets, il faudra recourir au ministre et au Conseil d'État, de tous les points de la France ; et ministre et Conseil d'État ne pourront faire que de l'arbitraire et non de la justice, quelles que soient leurs bonnes intentions.

II.

Que faut-il faire pour obtenir les richesses merveilleuses que les eaux pourraient donner ? Précisément le contraire de ce que l'on fait ou de ce qu'on veut faire.

Vous voulez que l'État, c'est-à-dire l'administration, dispose de toutes les eaux propres à l'irrigation, les administre, les concède avec ou sans conditions, les répartisse, les réglemente ; il faut, au contraire, qu'il ne s'en occupe pas. Vous voulez que les eaux soient la chose du public ; il faut, au contraire, qu'elles soient la chose des propriétaires comme le sol lui-même.

L'État propriétaire des eaux, c'est l'arbitraire en permanence ; avec la crainte de l'arbitraire on ne tentera rien, on ne risquera ni son argent, ni ses soins ; en agriculture, plus encore qu'en industrie, il faut, pour essayer et accomplir des améliorations, la sécurité que donne *le droit* dans le présent et dans l'avenir.

Si le sol cultivé était soumis aux réglementations et aux caprices de l'administration, on verrait bientôt ses produits diminuer, on verrait les propriétaires ne plus lui donner avec la même ardeur leurs soins, leurs peines et leurs capitaux. Il faut que les eaux, partie considérable de la richesse du sol, soient affranchies comme le sol, soient entre les mains libres des propriétaires un instrument admirable de fécondité et de richesse.

Point de faveurs, de concessions précaires, d'arbitraire, de juridictions administratives pouvant entraîner des agriculteurs à perdre leur

temps et leur argent loin de chez eux, au chef-lieu du département et
à Paris même, à cent, deux cents lieues de leurs fermes, mais des
droits de propriété perpétuels, garantis par des tribunaux jugeant près
d'eux sur une procédure simple et peu dispendieuse. Il faut que la loi
règle les droits et les obligations de chacun; ensuite, l'intérêt et l'activité privés, agissant en pleine sécurité, créeront des merveilles.

Mais, pour que cette loi nouvelle porte tous ses fruits et soit la cause
de nombreuses et grandes irrigations, il faut qu'elle reconnaisse trois
principes :

1° Les usiniers n'ont pas plus de droits sur l'eau que les autres riverains ;

2° Les propriétaires dans le bassin d'un cours d'eau ont le droit de
se servir de la partie de l'eau qui ne serait pas utilisée par les riverains;

3° Les usines et les irrigations faites n'ont aucun droit d'empêcher
ou d'entraver les irrigations à faire.

III.

Premier principe. — Pendant longtemps (et même encore aujour-
d'hui il en est à peu près de même) la balance, non pas de la justice,
mais de l'arbitraire administratif, a penché du côté de l'industrie ; on
s'inquiétait beaucoup des usines et fort peu de l'irrigation, et l'on at-
tribuait aux usines, pendant la saison chaude, à peu près le monopole
de l'eau. Et cependant quelle différence entre les richesses produites
par les usines et celles que l'irrigation pourrait créer!

Partout on perfectionne le mécanisme des usines, on utilise mieux
les forces de l'eau. Tel moulin, avec le même cours d'eau, fabriquera
dix fois plus qu'il y a vingt ans et rendra presque improductifs et inutiles dix moulins arriérés. D'un autre côté, combien de machines à
vapeur font concurrence aux forces motrices de l'eau et les rempla-
cent! Pour l'industrie, on substitue de plus en plus à la force de l'eau,
rendue toujours irrégulière par l'action des sécheresses, des inondations ou des gelées, la force réglée, obéissante, infatigable et très-
économique qui est créée par la mécanique et la vapeur.

L'utilité des irrigations va-t-elle en diminuant? C'est tout le contraire. Le prix de la viande, aussi nécessaire à l'alimentation publique
que le pain, a doublé depuis vingt ans ; la France ne produit pas, ne
nourrit pas assez de bétail ; nous achetons chaque année de l'étranger
des animaux des races bovine et ovine pour un bien grand nombre de
millions, et cette importation va sans cesse croissant. L'irrigation
pourrait être le moyen le plus puissant d'accroître le nombre des bestiaux, les produits de toute sorte, le bien-être de la population et la
prospérité publique.

Et c'est en présence d'une pareille nécessité que l'on continuerait à
sacrifier l'immense intérêt de l'irrigation à l'industrie cent fois moins
importante des usines à eau!

D'ailleurs, ce que nous demandons n'est que la justice. Le propriétaire d'une usine est un riverain ; il a le droit de se servir de l'eau, mais sans empêcher les riverains supérieurs d'en user également. Il ne doit pas avoir de droit contre le droit d'autrui.

Second principe. — Si les propriétés étaient toujours par grandes pièces dans le bassin des cours d'eau, il suffirait, pour tirer tout le parti possible des eaux, de déclarer, comme le fait le Code civil, que chaque riverain aurait le droit de se servir de l'eau à la charge de la rendre à son cours naturel ; mais comme généralement en France les propriétés sont très-morcelées, les bienfaits de l'irrigation seraient souvent très-restreints si l'on n'adoptait pas des dispositions permettant d'agir comme si les terrains étaient réunis par grandes pièces.

Il faut que tout propriétaire d'un terrain situé dans le bassin d'un cours d'eau, mais non riverain, puisse se servir, après indemnité, de la portion de l'eau qui ne serait pas utile au riverain ou que celui-ci ne voudrait pas utiliser. Personne ne peut légitimement se plaindre d'une pareille disposition. Le riverain immédiat n'éprouvera aucun dommage. Quant aux riverains inférieurs, prétendrait-on qu'ils auraient le droit de se plaindre d'un dommage parce que l'irrigation étendue sur un plus grand espace diminuerait la quantité d'eau dont ils pourraient eux-mêmes se servir ? Mais si les terrains supérieurs du bassin étaient réunis dans les mains d'un seul propriétaire, ils n'auraient aucune espèce de droit de se plaindre ; comment pourraient-ils avoir ce droit parce que cette grande pièce aura été partagée entre deux ou plusieurs propriétaires ?

Troisième principe. — Peu de mots suffiront pour le justifier. Si les usines ou si les propriétaires de terrains irrigués avaient le droit d'empêcher des irrigations nouvelles dans le bassin supérieur, sous prétexte qu'elles diminueraient la quantité d'eau dont ils se servent aujourd'hui, le progrès serait arrêté dans sa marche. L'intérêt public est d'accord avec le droit pour que rien n'entrave les irrigations futures. Vous avez fait des irrigations, et par cela même vous avez pu diminuer la quantité d'eau que reçoivent les riverains inférieurs ; y aurait-il une ombre de justice à empêcher les riverains supérieurs de faire ce que vous avez fait vous-même ?

Mais, nous dira-t-on, avec une pareille législation on arrivera à une si grande consommation de l'eau que les cours d'eau seront à sec dans leur partie inférieure et que les rivières maintenant navigables cesseront de l'être.

C'est une erreur. Sans doute, avec cette législation, quelques particuliers, quelques associations de propriétaires qui jouissent aujourd'hui presque exclusivement des avantages de l'eau, les verraient peut-être diminuer à leur égard ; mais pourquoi ? parce que ces avantages se seraient accrus pour une foule d'autres personnes, parce que les fourrages se seraient multipliés à l'infini. D'ailleurs les inconvénients généraux que l'on craint n'arriveraient pas.

Les irrigations ne peuvent prendre une grande extension que dans les pays où elles sont vraiment utiles, c'est-à-dire sur les terrains qui peuvent porter l'eau, selon l'expression des agriculteurs, parce qu'ils sont à peu près imperméables, comme les argiles, ou perméables seulement à la surface, comme les granits. Dans ces terrains, toute l'eau des irrigations, à l'exception de ce qui s'évapore dans l'atmosphère sous l'action de la chaleur, revient dans le lit du ruisseau, même la portion qui, ayant pénétré un peu en terre, accroît les sources ou en forme momentanément de nouvelles.

La partie même de l'eau évaporée par l'air et le soleil, transpirée par les plantes, n'est pas perdue entièrement pour le cours d'eau ; elle reste dans l'atmosphère, y entretient dans les temps de chaleur une humidité bienfaisante et retombe en rosée et en pluie. L'expérience prouve que dans les contrées où il existe de vastes prairies irriguées, il tombe plus de pluie que dans les contrées où il n'y a que des champs cultivés et point d'irrigations.

Sans doute, il est des terrains poreux qui absorbent l'eau et la font disparaître dans leurs profondeurs; mais, dans ces terrains, l'arrosement est inefficace, l'établissement de prairies irriguées y serait une opération ruineuse, impossible.

Les cours d'eau, petits et grands, et même les rivières navigables, quelle que soit la multiplication des irrigations dans les terrains où elles sont utiles, ne seront donc pas à sec. Les alarmistes craignent qu'il n'y ait trop de dérivations, trop d'irrigations; qu'ils se rassurent! Plût à Dieu qu'on fit de l'eau un aussi vaste emploi qu'ils craignent, la France aurait la plus florissante agriculture du monde.

Voici, du reste, quelle devrait être la loi sur les irrigations, qui, n'abrogeant aucun article du Code civil, non plus que les lois Dangeville du 29 avril 1845 et du 11 juillet 1847, se bornerait à les compléter.

Dans ce projet de loi, nous ne nous occupons pas de grands travaux d'assainissement et des canaux d'irrigation qui intéresseraient une contrée tout entière et que l'État voudrait faire par lui-même ou concéder; la loi qui les votera déterminera les conditions de leur exécution, ainsi que les obligations et les droits des propriétaires qui devraient en éprouver du bénéfice ou du dommage. Nous ne nous occupons pas davantage des associations syndicales réglées par la loi du 21 juin 1865, si ce n'est pour lever un doute sur l'unanimité prétendue des intéressés, doute qui entrave la formation de ces sociétés si utiles.

PROJET DE LOI SUR LE RÉGIME DES EAUX ET LES IRRIGATIONS.

Eaux fluviales et sources.

Article 1er. — Tout propriétaire a droit de disposer comme il l'entend des eaux pluviales qui tombent sur son fonds ou qui s'écoulent naturellement sur son fonds.

Art. 2. — Les sources appartiennent aux propriétaires des fonds où elles surgissent, soit naturellement, soit par suite des travaux souterrains. — Néanmoins, le propriétaire d'une source ne peut envoyer tout ou partie de son eau hors de son bassin naturel lorsque, depuis plus de trente ans, des usines ou des barrages permanents ont été établis sur le cours d'eau formé ou accru par cette source.

Art. 3. — Le propriétaire d'une source ne peut contester à aucun propriétaire le droit de faire surgir par ses travaux tout ou partie de cette source sur son propre fonds.

Art. 4. — Lorsqu'un propriétaire, par suite de ses travaux, fait surgir une source dans son fonds, les propriétaires inférieurs devront recevoir les eaux de cette source ; mais ils auraient droit à une indemnité si ces eaux leur causaient un dommage qui ne serait pas compensé par le bénéfice de l'eau.

Cours d'eau non navigables ni flottables par trains.

Art. 5. — Le lit de ces cours d'eau, la pêche, sauf l'observation des lois pour la conservation du poisson, tous leurs produits et l'usage de l'eau appartiennent aux riverains, sauf les dispositions contenues dans les articles 8 et 9. — Lorsque les rives opposées appartiennent à des propriétaires différents, chacun d'eux est propriétaire jusqu'au milieu du cours d'eau. — A moins de conventions contraires ou de droits acquis, les usiniers riverains n'ont pas plus de droits sur l'eau que les riverains non usiniers.

Art. 6. — Tout propriétaire des deux rives pourra établir sans aucune autorisation préalable toute espèce de prise d'eau, de barrage, de réservoir, d'étang, pourvu qu'il ne nuise en aucun temps, même lors des grandes crues, ni aux propriétaires supérieurs ou inférieurs, ni à la salubrité publique, et à la charge de faire à la mairie de la commune une déclaration préalable et par écrit de son intention d'exécuter ces travaux ; cette déclaration sera affichée et publiée. — Les contestations à l'occasion de ces travaux seront jugées par les tribunaux, qui pourront ordonner l'abaissement des barrages si ceux-ci causent des dommages aux propriétaires supérieurs, et la mise à sec des étangs, sur la demande des particuliers intéressés ou des maires des communes intéressées, si les étangs sont une cause d'insalubrité publique. Les tribunaux pourront en outre condamner à des dommages et intérêts.

Art. 7. — Le propriétaire d'une rive pourra établir un barrage, ainsi qu'il est stipulé dans la loi du 11 juillet 1847, ou une machine à élever l'eau, pourvu qu'il ne prenne pas plus de la moitié de l'eau.

Art. 8. — Tout propriétaire riverain qui ne pourrait pas, en prenant l'eau à la hauteur de son terrain, arroser sa propriété, ou ne pourrait en arroser qu'une partie, aura le droit de demander aux riverains supérieurs soit le surplus de l'eau qui arroserait leurs propriétés, à la charge de contribuer dans la proportion de son intérêt aux frais d'établissement qu'auraient faits ces propriétaires supérieurs, et aux frais d'entretien ; soit l'établissement sur les terrains de ces derniers d'une prise d'eau et d'une rigole, à la charge d'une juste et préalable indemnité pour occupation de terrain ou privation de jouissance de l'eau.

Art. 9. — Si les propriétaires riverains ne se servent pas de l'eau pour l'irrigation, ou s'ils ne se servent que d'une minime partie de l'eau, tout propriétaire d'un fonds situé dans le bassin du cours d'eau, ou toute association de propriétaires de fonds situés dans ce bassin, pourront demander aux riverains l'établissement de barrages, de prises d'eau, de rigoles de passages sur leurs fonds pour se servir de la partie de l'eau non utilisée, à la charge d'une juste et préalable indemnité, soit pour occupation de terrain, soit pour privation de jouissance d'eau.

Art. 10. — Tout propriétaire situé dans le bassin d'un cours d'eau et dont le fonds est contigu à un fonds irrigué, pourra demander au propriétaire de ce dernier de se servir, pour l'irrigation, de la portion de l'eau qui ne serait plus utile à celui-ci, à la charge de contribuer dans la proportion de son intérêt aux frais d'établissement qu'aurait faits ce propriétaire et aux frais d'entretien.

Art. 11. — Les propriétaires riverains ou non riverains, dont les fonds sont situés entre les irrigations ainsi faites et le lit du cours d'eau pourront toujours demander à profiter du surplus de l'eau de ces irrigations en participant, dans la proportion de leurs intérêts, aux frais faits par les propriétaires supérieurs.

Art. 12. — Tous les propriétaires du bassin du cours d'eau, riverains ou non riverains, qui se serviront ainsi de l'eau, devront la rendre ensuite à son cours ordinaire, en amont de la propriété du riverain inférieur, à moins de conventions particulières avec ce dernier. Les propriétaires inférieurs devront recevoir les eaux des terrains ainsi arrosés, mais sous la condition d'une juste et préalable indemnité.

Art. 13. — Le riverain d'un bief d'usine ou les propriétaires de fonds situés derrière ce riverain pourront établir une prise d'eau au niveau de la crête du réservoir de l'usine et, après s'être servis de l'eau pour l'irrigation, la rejeter dans le lit du cours d'eau au-dessous de l'usine.

Art. 14. — Toutes les dispositions et exceptions de la loi du 29 avril 1845 sur les irrigations seront appliquées aux propriétaires qui auront le droit de disposer des eaux d'après les articles précédents.

Art. 15. — Les irrigations pourront être faites en tout temps, à la volonté des propriétaires, qui auront le droit disposer des eaux, sans qu'aucun arrêté puisse les empêcher d'user de leurs droits. Néanmoins si, par la nature géologique du terrain, la totalité de l'eau d'irrigation disparaissait dans les puits naturels sans qu'elle pût revenir dans le lit du cours d'eau, les riverains et les usiniers inférieurs pourraient s'opposer à l'irrigation.

Art. 16. — Aucun usinier, aucun propriétaire irriguant son fonds, aucune société d'irrigation ne pourront contester à des propriétaires supérieurs le droit d'irriguer leurs propriétés d'après les règles ci-dessus énoncées.

Rivières navigables et flottables par trains.

Art. 17. — Toutes associations de propriétaires du bassin de ces cours d'eau ou, à leur défaut, tous propriétaires du bassin auront le droit, sans être obligés de demander aucune concession ni de donner aucune redevance à l'État, de faire, pour des irrigations, une prise d'eau par un tuyau ou aqueduc dont le diamètre est laissé à leur volonté, ou d'établir telle machine à élever l'eau qu'il leur plaira, sous la condition de ne pas entraver le chemin de halage et de placer le tuyau ou aqueduc de prise d'eau au point déterminé par l'administration, au-dessus du niveau des eaux nécessaires à une bonne navigation.

Art. 18. — Ces eaux une fois dérivées, toutes les dispositions des articles précédents pour l'irrigation des propriétés du bassin des cours d'eau non navigables ni flottables par trains seront applicables dans les bassins de rivières navigables.

Dispositions communes à tous les cours d'eau.

Art. 19. — L'article 5 de la loi du 21 juin 1865 sur les associations syndicales libres sera modifié ainsi qu'il suit quant aux sociétés d'irrigation :

Les associations se forment sans l'intervention de l'administration.

L'acte d'association spécifie le but de l'entreprise ; il règle le mode d'administration de la société et fixe les limites du mandat confié aux administrateurs ou syndics ; il détermine les voies et moyens nécessaires pour subvenir à la dépense, ainsi que le mode de recouvrement des cotisations, les droits et les obligations de chacun.

L'adhésion de tous les contractants à l'acte de société et aux statuts doit être constatée par écrit.

L'unanimité n'est plus exigée ensuite pour les délibérations de l'assemblée des associés.

Le défaut d'adhésion d'une partie des propriétaires compris dans le périmètre arrosable ne pourra empêcher la constitution de l'association.

Art. 20. — Dans les conventions faites entre propriétaires pour l'irrigation, il pourra être stipulé que toutes contestations seront jugées en dernier ressort par un tribunal arbitral.

Sauf cette stipulation, toutes les contestations sur l'exécution des droits et servitudes résultant de la présente loi seront jugées en premier ressort par le juge de paix et en appel par le tribunal civil. Il sera procédé comme en matière sommaire.

Art. 21. — Tout acte d'association de propriétaires pour l'irrigation ou l'assainissement de leurs fonds sera enregistré au droit fixe de un franc.

Art. 22. — Il n'est aucunement dérogé par la présente loi aux articles du Code civil sur les eaux et les alluvions, ni aux lois du 29 avril 1845 et du 11 juillet 1847 sur les irrigations.

Toutes dispositions de loi contraires à la présente loi sont abrogées.

M. DE LA BERTOCHE. Dans la commission, divisée en deux sections, celle de l'irrigation et celle de l'aménagement des eaux, trois principes se sont trouvés en présence : l'ingérence de l'État, l'initiative individuelle, l'action collective. Je viens défendre la cause des intérêts collectifs.

Je repousse l'ingérence de l'État, mais je sais que l'individu est souvent imprévoyant, et c'est pour cela que je tiens à l'intervention de la collectivité. Messieurs, j'apporterai ici des faits. Je suis membre d'un syndicat de desséchement, et ce que je souhaite, c'est la décentralisation et l'intervention réelle des intéressés. Voici quelles mesures me sembleraient nécessaires : qu'on élise une commission consultative dans chaque département, afin que nos problèmes ne soient pas résolus par un ingénieur hydraulique (j'en pourrais citer un qui n'est pas sans talent et qui a dépensé près de 4 millions, récemment, pour aboutir à faire perdre 80 millions aux propriétaires du sol), et que la commission consultative se compose de membres du conseil général et de membres des associations syndicales élus par ces associations.

Je demande aussi qu'on réserve aux intéressés, groupés en syndicats, la connaissance de leurs affaires ; que chaque bassin soit considéré comme le centre de l'intérêt hydraulique ; que pour les cinq grands bassins, on établisse autant d'écoles du génie hydraulique et agricole : nous arriverons à avoir ainsi de vrais techniciens ; qu'il y ait au ministère des travaux publics une commission, une réunion des syndicats des bassins ; qu'on arrive enfin à une direction générale des eaux, et qu'on ne sépare pas les intérêts des eaux de ceux des forêts : car ce sont les forêts qui font les eaux.

Quant aux irrigations, souvenez-vous de ce que nous disait récemment M. Victor Lefranc sur l'incertitude de la législation et de la jurisprudence en cette matière. Il y a là plus d'un problème à résoudre. Le propriétaire du sol qui borde un cours d'eau est soumis à certaines servitudes. Ses voisins ont aussi la leur : la servitude des inondations. Pour que tout se compense, il faut leur laisser un certain bénéfice, une part dans la richesse qu'apporte l'eau. Cependant nous ne voulons pas d'ingérence administrative, mais la réglementation par la collection des intéressés. Cela se pratique en Espagne et en Italie, en Asie, où nous pourrions prendre des leçons; je l'ai vu de mes yeux en Arménie et en Perse. Dans le Milanais, des milliers d'hectares sont irrigués ainsi. Chez nous, au bord de la Durance, il n'est pas sans exemple qu'on trouve des maraudeurs et des voleurs d'eau.

Au nom d'un intérêt public, une répartition sérieuse, libre, indépendante. Que celui-là paye qui profite. Songez d'ailleurs au prix exorbitant que nous coûtent les inondations. Celles du Rhône et et de la Loire coûtent 500 millions en dix ans, tandis que l'irrigation pourrait doubler, tripler la valeur des terrains. (*Adhésion sur divers bancs.*)

Je me résume, messieurs, en vous proposant l'adoption des cinq propositions suivantes :

1° Que dans chaque département il soit institué une *commission consultative des eaux*, en partie élective ;

2° Qu'une *commission supérieure*, également élective, soit instituée près du ministère des travaux publics ;

3° Que l'on centralise au ministère des travaux publics les services se rattachant à la conservation, à l'aménagement et à l'utilisation des eaux, dans une *direction générale des eaux* ;

4° Qu'il soit institué, dans les cinq grands bassins du Rhône, de la Loire, de la Garonne, de Rhin-et-Meuse et de la Seine, des écoles d'hydraulique agricole ;

5° Que les résultats des études et enquêtes faites soit par l'administration centrale, soit par les administrations locales, soient communiqués aux commissions des intéressés.

M. LE MARQUIS DE BINARD pense que nous devons être avant tout gens pratiques, et que nous devons vouloir arriver le plus tôt et le mieux à un résultat. Repousser absolument le concours de l'État, ce n'est qu'une belle théorie au point où nous en sommes. Sans doute l'État ne doit pas intervenir malgré nous, mais aider quand on l'appelle. Les grands canaux d'irrigation ne peuvent être faits que par lui. Le meilleur moyen de les faire serait sans doute un syndicat des intéressés ; mais les syndicats sont difficiles à grouper. Il y a trop de propriétaires égoïstes et à courte vue, et ce qui empêche surtout les souscripteurs de se présenter, c'est l'incertitude du prix de revient et les embarras qui peuvent suivre : témoin le canal de Carpentras. Les compagnies financières qui offrent leurs services ne se contentent pas de légers profits, et ces profits sont prélevés sur les propriétaires. L'État ne doit pas spéculer ; mais, faisant la part des subventions qu'il accorde ordinairement à ces sortes de travaux, il doit traiter *à prix ferme* avec les intéressés, qui lui rembourseront un capital *fixe* dans 25 ou 30 ans. Une loi a décidé l'application aux irrigations des 100 millions votés pour le drainage; c'est le cas de faire emploi de cette somme. L'État, du reste, fait les grandes routes ; pourquoi ne ferait-il pas les grands canaux, surtout s'il est remboursé de ses dépenses ? Il ferait ainsi seulement une avance de fonds, comme il en fait à l'industrie pour le renouvellement de son outillage.

M. Carvallo. Je vous demanderai, messieurs, beaucoup d'indulgence et peu d'instants. Depuis dix ans je fais de l'irrigation. Les théories générales sont matière à discussion ; j'apporte des faits.

Pour un terrain de 15,000 hectares que nous voulions irriguer, nous étions 400 propriétaires. Nous nous sommes associés sans refuser le concours du Gouvernement, mais sans l'attendre: on était alors en 1856. En trois ans nous avons construit un canal de 17 kilomètres. Nous avons fait personnellement la police des eaux. Nos hectares, qui valaient 60 fr. et ne produisaient rien, sont devenus féconds; nous y avons récolté, depuis lors, pour 29 millions de grains. Le Gouvernement nous a envoyé ses hommes quand la besogne était terminée. Pour les contestations, nous élisons, tous les ans, parmi les propriétaires, un tribunal des eaux qui se réunit, où ? Sur le théâtre du litige, dans le champ, à quatre heures du matin. Point d'avocats, point d'avoués, point d'huissiers. Le jugement est immédiat et sans appel. Si le condamné proteste, on le condamne au double. Dans certains cas, on lui supprime l'eau pour huit jours, un mois, un an, suivant la gravité des cas.

Plusieurs voix. Où cela se passe-t-il ?

M. Carvallo. Dans le Delta de l'Èbre, en Espagne.

Messieurs, point d'intervention de l'État ! Ne me demandez pas non plus la création d'écoles hydrauliques. Notre section, celle de l'enseignement agricole, vous proposera un projet complet d'enseignement supérieur agricole, que celui des écoles hydrauliques pourrait contrarier. Acceptez donc le rapport tel qu'il est ; nous pourrons toujours y revenir.

M. le baron de Laussat parle contre le projet proposé par l'honorable rapporteur. Il le trouve spécieux et dangereux. Lui aussi il irrigue. Les irrigations sont, dit-il, notre moyen d'existence dans nos montagnes des Basses-Pyrénées. L'État a-t-il le droit de réglementer? — Oui, le Code des eaux et forêts est indispensable pour les rivières, ces chemins qui marchent, et dont on n'a pas le droit d'enlever la matière plus que s'il s'agissait des chemins ordinaires. Quant aux petits cours d'eau, la malveillance, l'imprudence suffisent pour en changer le lit et le cours. Les tribunaux dont vous parlez, les sentences arbitrales, il faut trouver moyen de les faire accepter. On n'est pas autorisé non plus à léser les intérêts des usiniers qui ont acheté ou reçu par héritage une force d'eau qu'ils emploient. Nous avons encore besoin de l'État, des bureaux, des ponts et chaussées, et une pareille loi serait funeste. (*Adhésion sur quelques bancs.*)

M. Jules Duval fait une réserve sur un point du rapport. Il s'agit de l'Algérie. Lui-même est là-bas colon et propriétaire. En ce pays il ne conviendrait pas que l'individu fût seul maître du régime des eaux. L'eau y prend une telle valeur que le même sol qu'on vend 40 fr. l'hectare quand il n'est pas bien irrigable, est loué 100 fr. par bail annuel quand il est arrosé suffisamment. Le mauvais aménagement de l'eau entraîne la pauvreté, la ruine, les maladies. Il faut donc une intervention supérieure; celle qui me paraîtrait le plus désirable viendrait de conseillers provinciaux que l'on nommerait à l'élection. Cela n'empêcherait point les syndicats.

M. le rapporteur fait observer qu'il n'a pas parlé de l'application de ce projet en Algérie. Il a cité la loi faite pour l'Algérie comme un exemple de ce que l'administration voudrait faire en France. Craignez les hommes qui veulent toujours centraliser de plus en plus, tout en se disant décentralisateurs. Voilà des siècles que l'État a la police des eaux. Qu'avons-nous produit? Nous sommes au-dessous des autres pays. Quelques-uns pensent que j'introduis l'anarchie, que cela ira de travers. Sommes-nous incapables en tant que propriétaires? Faut-il absolument être préfet, administrateur, ingénieur, pour avoir l'intelligence et la science? Les ingénieurs, employez-les, mais ne vous subordonnez pas à eux. Les droits acquis, nous les respectons et les tribunaux sont là pour condamner ceux qui nuisent à autrui. Notre projet n'empêche en rien les syndicats. Seulement nous ne voulons pas créer de priviléges, ni perpétuer le vieux système féodal, transporté des ingénieurs aux employés ou aux bureaucrates. (*Interruption.*) Ce que nous attaquons, ne vous y méprenez pas, ce n'est point la propriété, ce sont les parasites de la propriété, ce sont les bureaux, mécanisme de résistance et d'inertie. Je veux la liberté, non en paroles, mais dans les faits. (*Applaudissements.*)

M. Perrot (de l'Oise), tout en reconnaissant qu'il est très-urgent, si l'on veut favoriser le développement des irrigations, de modifier la législation actuelle sur les cours d'eau, ce qu'il a le premier signalé l'année dernière dans son rapport au nom de la section du génie rural, croit d'autre part que quelques-uns des principes qui paraissent avoir servi de base au projet de loi proposé sont dangereux ou erronés, notamment en ce qui concerne la non-réglementation des cours d'eau non navigables. Sans doute, il ne faut pas que cette réglementation puisse être arbitraire, et, par conséquent, qu'elle soit laissée, comme elle l'est maintenant, à la discrétion exclusive de l'administration ; il serait parfaitement juste, au contraire, que la loi y fît intervenir les intéressés ; mais il est encore plus indispensable de ne pas abandonner, comme on le propose, l'usage de l'eau à la discrétion des riverains, qui ne manqueraient pas d'en abuser, ce qui produirait bientôt le désordre et l'anarchie.

Pour éviter ce grave inconvénient, il faut demander à la loi une réglementation fortement constituée, qui ne pourra jamais être ni trop précise dans ses dispositions, ni trop prévoyante dans ses détails, ni trop exigeante dans sa pratique. A ces conditions seulement, les entreprises d'irrigation pourront se faire avec sécurité, et les procès seront évités autant que possible. (*Mouvements divers.*)

En ce qui concerne les dispositions de la loi qu'il va critiquer, l'orateur expose qu'il est propriétaire de terrains et d'une usine situés sur la petite rivière d'Aronde, dans le département de l'Oise, qu'à ce double titre il a eu maintes fois à compter, tant avec les prétentions de l'administration ou de ses voisins, qu'avec les difficultés inhérentes à la nature des choses, ce qui lui a donné forcément une certaine connaissance des questions hydrauliques, et qu'en outre, ayant entrepris spécialement des essais d'irrigation dont le but était précisément l'introduction de ce grand bienfait dans sa contrée, où il était complétement inconnu, il croit pouvoir apporter au débat le tribut d'une certaine expérience personnelle. Or, il se trouve obligé de déclarer formellement que si jamais la loi proposée était promulguée telle qu'elle est soumise à l'assemblée, elle pourrait, dans certains cas, rendre en quelque sorte *impossible,* ou du moins tout à fait insignifiante, cette introduction à laquelle il serait si heureux de coopérer.

L'orateur ajoute que, si cette assertion peut paraître bien absolue, il lui est facile de la justifier complétement par un exemple qu'il va emprunter, non à une hypothèse, mais à la localité même où il a fait ses essais.

Donc, dans une portion de la vallée de l'Aronde qui appartient presque tout entière à la commune dont il est maire, la disposition naturelle des lieux permettrait facilement d'irriguer 80 hectares qui n'ont présentement qu'une valeur très-faible et qui pourraient en prendre une relativement considérable. Mais il importe de remarquer que ces 80 hectares, qui correspondent au bief d'une même usine, comprennent un terrain qui est partout en contre-bas du niveau réglementaire de ce bief; d'où il résulte que toute eau prise à la rivière ne peut y rentrer qu'au-dessous de cette usine.

Cela posé, on doit comprendre que si moi, propriétaire riverain de deux ou trois hectares à l'origine du bief, je veux prendre toute l'eau de la rivière pour les irriguer à ma fantaisie, comme la loi m'en donnerait le droit, il ne restera plus rien pour les 77 autres hectares.

Si on m'objecte que, la rivière débitant 200 ou 300 litres par seconde, je n'aurais pas besoin du tout, je répondrai que dans les Vosges, en Allemagne, en Angleterre, en Belgique, on trouve des irrigations qui sont encore plus abondantes et que, par conséquent, mon intérêt justifierait très-bien l'usage que je ferais de mon droit légal. Évidemment, les auteurs de la loi nouvelle n'ont pas eu la pensée de rendre possible une telle énormité, et peut-être me répondront-ils en citant l'article où il est prescrit, d'une manière assez vague, que l'eau sera rendue à la rivière à l'issue des propriétés irriguées; mais alors, comme les 80 hectares que j'ai mis en scène sont tous également en contre-bas du niveau normal, il n'y aurait aucun moyen d'en irriguer la moindre parcelle. Or, les mêmes circonstances locales auraient les mêmes conséquences, non-seulement pour presque toute la vallée de l'Aronde, mais encore pour toutes les autres vallées analogues, c'est-à-dire partout où il y a des biefs établis de main d'homme. Sans doute, avec les lois existantes on est exposé à subir de la part de l'administration des retards fâcheux ou des réglementations arbitraires; mais enfin avec de la patience on arrive toujours plus ou moins au but, et nos ingénieurs, quoi qu'en disent certaines personnes, se montrent généralement très-soucieux de donner satisfaction aux intérêts qui sont laissés à leur discrétion. Avec la loi proposée, la situation serait bien plus grave puisqu'elle pourrait, comme je viens de le démontrer, aboutir dans un grand nombre de cas à de véritables impossibilités. (*Mouvement.*)

Outre l'objection principale qu'il vient de développer, l'orateur croit devoir signaler encore quelques observations qui réclament également une révision des dispositions projetées. Un des articles, par exemple, autorise tous les propriétaires riverains à pratiquer dans le lit même des rivières non navigables tous les travaux, barrages ou autres, qui seraient à leur convènance, à la seule condition de publier préalablement leur dessein et de se voir condamnés à supprimer lesdits travaux dans le cas où ceux-ci seraient reconnus nuisibles aux propriétaires voisins. Tout en croyant comprendre la pensée qui a inspiré cette disposition, l'orateur est convaincu qu'elle aurait dans la pratique les conséquences les plus regrettables, parce que ce serait une source incessante de procès mal définis dont la perspective pourrait, dans beaucoup de cas, et avec raison, empêcher, au lieu de les favoriser, les entreprises d'irrigation d'une certaine importance. En effet, on ne semble pas avoir compris que la publicité pure et simple donnée à un projet n'est, dans les termes où elle est prescrite, qu'un avertissement qui, n'obligeant en quoi que ce soit les tiers intéressés à intervenir, ne peut donner ni garantie ni sécurité au propriétaire qui entreprend les travaux supposés, et que celui-ci n'en restera pas moins exposé à voir ces travaux supprimés après coup s'ils peuvent nuire en quoi que ce soit à quelqu'un.

Or, nuire est un mot bien vague; on nuit à son voisin du moment qu'on modifie sa jouissance, et on pourra craindre souvent que les modifications apportées par un barrage ou tout autre travail au régime d'une rivière ne soient interprétées comme nuisibles aux autres riverains. Mais à ce moment ces travaux et tous ceux, très-dispendieux, qu'exige une entreprise d'irrigation seraient parachevés, et on reculera certainement dans bien des cas contre l'éventualité de leur annulation possible, fût-elle même peu probable. Incontestablement le principe qui régit présentement la matière est plus sage sous tous les rapports, car il prescrit une enquête et un règlement préalables qui, une fois faits, assurent à chacun, avec la mesure de ses droits, une sécurité complète. Que l'on modifie, si on le croit utile, le mode de l'enquête et de la réglementation, mais qu'on en respecte le principe; là seulement est la vérité.

L'orateur croit encore que les diverses dispositions par lesquelles on donne à d'autres propriétaires que les riverains proprement dits le droit de prendre eux-mêmes chez ceux-ci l'eau qu'ils n'utilisent pas, sont trop absolues au fond et trop confuses dans la forme pour être acceptées telles qu'elles sont formulées, car elles équivalent à créer un véritable droit d'expropriation au profit des particuliers, droit dont le principe seul est exorbitant et qui aurait demandé tout au moins une très-grande précision dans la définition des cas où il est applicable; cette précision n'existe pas dans la rédaction proposée. Ici encore, l'orateur croit fermement que, si en effet le droit à l'eau d'une rivière ne doit pas être limité aux propriétés riveraines, une réglementation rationnelle, mais forte et précise, peut seule réaliser, dans chaque cas, une participation équitable au bienfait commun.

En résumé, l'orateur croit avoir démontré que le projet de loi proposé est trop défectueux dans l'ensemble comme dans les détails de ses dispositions essentielles pour qu'il puisse être discuté utilement, et il conclut provisoirement au rejet; mais il demande, en outre, si ce n'est pas méconnaître complétement le rôle de la Société des agriculteurs et l'exposer à compromettre gratuitement sa légitime influence que de la faire délibérer sur de véritables projets de loi, et il regrette sincèrement que, dans une question si complexe surtout, la commission ne se soit pas contentée de formuler des vœux succincts dont tous les membres de l'assemblée auraient pu apprécier la signification, et qui alors auraient eu toute l'autorité désirable pour être pris en sérieuse considération par les pouvoirs qui sont constitués pour faire les lois. (*Très-bien! très-bien!*)

M. LE RAPPORTEUR. Ce que le projet veut empêcher, ce n'est pas qu'il y ait matière à contestation, c'est que, par crainte de voir mal faire, on vienne sans cesse apporter des obstacles à l'initiative privée. Laissez à chacun la responsabilité de ses œuvres. Pas de tutelle; c'est la loi des peuples forts et libres. J'admets parfaitement d'ailleurs qu'on vote seulement sur les principes. (*Très-bien!*)

PLUSIEURS VOIX. Qu'on renvoie le rapport à la commission!

M. DUPONT. Je trouve qu'en présentant ainsi des projets de loi à la Société, on éternise les discussions. Quand on a délibéré sur la question des traités de commerce, le débat a porté sur des points précis. De même, dans une question aussi compliquée que celle du régime des eaux, il ne faut pas essayer d'improviser un projet de loi, il faut se borner à fixer un principe. Je demande que l'assemblée soit consultée sur les deux points suivants : Admettrons-nous la toutepuissance de la liberté individuelle? Admettrons-nous une intervention sage, modérée, de l'État? (*Adhésion.*)

M. BORDET. J'appuie l'honorable préopinant. Nous ne pouvons pas délibérer ici en connaissance de cause. Renvoyons le rapport à la commission, qui proposera une résolution où sera nettement indiqué le vœu général que la Société pourra émettre.

La proposition de renvoi à la commission est mise aux voix et adoptée.

Séance du 29 janvier.

M. Raudot, rapporteur, a la parole pour présenter les nouvelles conclusions de la commission du régime des eaux.

La commission a voté à l'unanimité cinq principes généraux dont il donne lecture, et qui vont être reproduits plus bas.

En réponse à quelques observations de MM. le baron Sers, Hermand, Aumerle et de Thiac, M. Raudot déclare que la commission demande seulement que ce soit la loi et non l'administration qui règle toutes choses. On n'a entendu en aucune façon toucher au Code civil. M. Raudot renouvelle la déclaration qu'il a faite, à savoir que la commission n'avait jamais entendu demander le vote direct des vingt-deux articles du projet primitif, elle voulait seulement provoquer une déclaration de principes. (*Adhésion.*)

M. le président invite l'assemblée à passer au vote par articles.

Le premier principe est ainsi conçu :

1° *Les eaux des cours d'eau qui ne sont ni navigables ni flottables par train sont la chose des particuliers et non pas celle de l'État et de l'administration.*

Ce principe est mis aux voix et adopté.

Le second principe est ainsi conçu :

2° *Les propriétaires, soit isolés, soit associés en syndicats libres, auront le droit de faire des barrages et irrigations d'après les règles à fixer par la loi et non par l'administration.*

Il est mis aux voix et adopté.

Le troisième principe est ainsi conçu :

3° *Les usiniers, sauf les droits acquis, ne doivent pas avoir plus de droits sur l'eau que les autres riverains.*

Il est mis aux voix et adopté.

Le quatrième principe est ainsi conçu :

4° *Les propriétaires, dans le bassin d'un cours d'eau, doivent avoir le droit de se servir, d'après les règles à fixer par la loi, de l'eau qui ne serait pas utilisée par les riverains.*

Il est mis aux voix et adopté.

Le cinquième principe est ainsi conçu :

5° *Toutes les contestations sur les irrigations doivent être jugées, à défaut de tribunal arbitral, par le juge de paix, et en appel par le tribunal civil et comme en matière sommaire.*

Il est mis aux voix et adopté.

L'ensemble des cinq articles est mis aux voix et adopté.

M. DE LA BERTOCHE dépose sur le bureau la proposition suivante:

Les conclusions de la commission mixte ainsi que le projet de loi préparé par M. Raudot seront envoyés à toutes les sociétés d'agriculture et à tous les comices, afin de recueillir leurs observations sur les détails de ce projet.

Cette proposition est brièvement combattue par MM. TEXEREAU DE LESSERIE et BOCHIN.

M. PERROT (DE L'OISE), sans vouloir revenir sur les principes qui viennent d'être votés, croit cependant qu'on laisse subsister une lacune très-regrettable : on ne tient pas assez compte de la diversité des besoins qui, en matière d'irrigations, résulte de celle des circonstances locales. (*Adhésion.*) C'est cette diversité de besoins, très-grande en fait, qui offre la difficulté la plus considérable pour la rédaction d'une bonne loi sur la police des eaux, et c'est pourquoi on ne peut le plus souvent remédier aux imperfections de la législation qu'en se réfugiant, quand cela est possible, derrière les usages locaux. Il serait donc essentiel de prendre ces usages en sérieuse considération, en les consultant avec soin.

Or, la manière la plus convenable et la plus sûre d'y avoir égard, c'est de soumettre à l'examen des associations locales, partout où ce sera possible, d'une part les principes ou propositions qui viennent d'être adoptés par l'assemblée, et de l'autre le projet de loi même qui avait été préparé par la commission ; après quoi les réponses qui seront faites à cet appel pourront devenir l'objet d'un rapport spécial qui ne manquera pas d'offrir un grand intérêt. On peut être certain qu'en opérant ainsi, ce que sa constitution lui permet de faire facilement, la Société des agriculteurs contribuera puissamment à éclairer la grande question qui est en cause, et qu'elle n'aura jamais une meilleure occasion de montrer la haute utilité de sa mission. En conséquence, M. Perrot croit ne pouvoir insister trop fortement sur l'adoption de la mesure dont il s'agit. (*Très-bien! très-bien!*)

La proposition de M. de la Bertoche est mise aux voix et adoptée.

RAPPORT

de M. Dessaignes sur la question des cours d'eau non navigables et non flottables.

SESSION GÉNÉRALE DE 1874.

Séance du 10 février.

Messieurs,

Le droit à l'irrigation, l'usage légal de l'eau, dans le but d'accroître la fécondité du sol, telle est la formule d'une des questions qui intéressent le plus vivement l'agriculture.

Au même degré au moins que les chemins ruraux, sujet sur lequel des études semblables aux nôtres ont donné lieu aux vœux de la Société des agriculteurs de France, la question du régime des eaux a droit à toute sa sollicitude et réclame une solution légale.

Ce qui rend cette solution plus nécessaire encore peut-être, c'est que, sur le point spécial auquel se borne notre étude, celui des eaux non navigables et non flottables, législation, doctrine, jurisprudence, sont loin d'être d'accord.

Aussi, dès l'origine de ses travaux, l'assemblée générale a saisi ses commissions spéciales de l'étude de cette question. Dans sa session de janvier 1870, elle a entendu le rapport présenté par M. Raudot au nom d'une commission mixte formée dans le sein des 6e et 9e sections.

Les conclusions du rapport et la discussion qui l'a suivi ont donné lieu à la rédaction de cinq principes fondamentaux qui, suivant les résolutions de l'assemblée générale, devaient être soumis à l'examen des sociétés d'agriculture et des comices.

A la reprise de ses travaux, en janvier 1872, l'assemblée a décidé qu'un nouvel appel serait adressé aux présidents de ces associations locales sous la forme d'un questionnaire qui résumerait les principes essentiels de la matière.

Cette communication a donné lieu à des réponses dont quelques-unes offrent un sérieux intérêt. Les travaux émanés du comice agricole de Neufchâteau et de la Société d'agriculture de la Sarthe sont de ce nombre. La 9e section en a fait son profit. Ces réponses sont généralement peu favorables aux principes nouveaux sortis de la proposition de M. Raudot.

Elle nous a mis aussi en possession de documents émanés tant de la Société centrale d'agriculture que du Conseil supérieur d'agriculture de Belgique, et dus aux communications obligeantes des principaux membres de ces sociétés.

Chez nos voisins, régis, comme on le sait, par la loi française, la présentation à là Chambre des représentants de deux projets de loi, l'un sur la réglementation des cours d'eau, à la date de décembre 1869, l'autre sur l'ensemble des matières d'un Code rural, à la date de janvier 1870, a donné lieu à de nombreuses controverses.

Le projet de Code rural notamment, qui embrasse la matière des irrigations, a été soumis officiellement à l'examen de toutes les commissions provinciales et aux diverses associations d'agriculture du royaume.

A l'heure actuelle, ni l'un ni l'autre de ces projets n'est venu en discussion publique.

Nous l'avons dit, dans cette question du régime des eaux, les interprétations doctrinales, les décisions juridiques, les solutions proposées abondent en sens inverse.

En une matière aussi complexe, pour l'exercice de droits d'une nature si spéciale, tout doit-il ou peut-il être exclusivement du domaine de la loi civile ? Tout doit-il aboutir au contraire à la compétence administrative ? Quel partage serait-il sage de faire et de voir consacrer définitivement entre l'une et l'autre juridiction ?

Voilà les questions qui sont à résoudre et pour l'intelligence desquelles un résumé rapide de l'état de la législation et de la jurisprudence antérieures devient nécessaire.

Législation.

Il y a quatre-vingts ans que nous courons après un Code rural; le régime des eaux y a toujours eu sa place marquée.

La loi des 28 septembre-6 octobre 1791, qui reflétait l'ancienne législation rurale de la France, en forme le premier noyau.

En 1808, un projet de Code rural, transmis de Bayonne à des commissions consultatives formées dans le ressort de chacune des trente-deux cours d'appel, fut mis au jour. Il n'aboutit pas.

En 1810, un résumé fut fait de ce projet, modifié par les observations contradictoires auxquelles il avait donné lieu. Ce résumé, en 960 articles, connu sous le nom de son auteur, M. Deverneilh, que le ministre de l'intérieur en avait chargé, fut proposé plus tard aux pouvoirs législatifs de 1814. Il eut le même sort.

. Malgré des vœux formulés à toutes les époques par les organes légaux représentant plus particulièrement les intérêts agricoles, ce n'est qu'en 1868 qu'un projet de Code rural est sorti des délibérations du Conseil d'État.

Le livre Ier, traitant du régime du sol, a seul été présenté au Corps législatif. Le livre IIe, comprenant le régime des eaux, était achevé. Malgré le sort commun à tous les documents qui composaient les archives du Conseil d'État, nous avons pu, non sans peine, nous procurer un exemplaire de ce travail.

Ainsi qu'il a été procédé pour les chemins ruraux, c'est le livre IIe du projet de Code rural qui formera la base principale des vœux dont la formule définitive, adoptée par la 9e section, sera proposée à l'adoption de l'assemblée générale.

Il n'est point inutile de rappeler qu'en l'absence d'une codification complète sur la matière, en outre de la loi de 1791 déjà citée, la loi du 14 floréal an XI relative au curage des rivières non navigables, le Code civil dans les articles 641 et suivants, la loi du 16 septembre 1807 sur le desséchement des marais, ont formé les éléments où les intéressés dans la revendication de leurs droits, où les tribunaux dans les causes de leur compétence, où l'administration et la juridiction administrative contentieuse sont venus puiser tour à tour, avec des solutions bien diverses, leurs raisons de décider.

Doctrine et jurisprudence.

Dans l'état actuel de la législation ci-dessus visée, les eaux non navigables et non flottables ne font point partie du domaine public ; elles ne sont point domaniales, cela n'est pas contesté ; mais comment leur caractère légal peut-il être défini ?

Sont-ce des eaux privées, comme il convient de le dire pour les sources et pour les eaux pluviales ?

Sont-ce des eaux publiques, des choses qui n'appartiennent à personne, *res nullius*, et dont l'usage est commun à tous ?

Sur ce point, la doctrine et la jurisprudence sont partagées.

Outre l'argumentation qui consiste à dire que le Code civil n'ayant rangé dans le domaine public que les rivières navigables et flottables, il a voulu, par là même, laisser dans le domaine de la propriété privée tous les autres cours d'eau, cette interprétation est celle d'auteurs qui s'appuient sur les considérations suivantes :

La distinction des eaux publiques et privées, mal définie par le droit romain, méconnue sous la féodalité, se trouve rétablie dans notre temps, par ce fait surtout que les cours d'eau propres au transport sont consacrés à l'utilité générale et que, par conséquent, ils sont assimilés aux voies publiques de terre. Les ruisseaux n'ont qu'une utilité limitée aux seuls propriétaires sur les terrains desquels ils coulent. De cette distinction résulte la séparation de la propriété publique et de la propriété privée, en matière d'eaux courantes. La consécration à l'usage public est le caractère spécifique qui distingue légalement les choses publiques d'avec les choses privées. En ce qui concerne les eaux, le caractère définitif d'une masse ou d'un courant d'eau résulte de l'usage auquel il est destiné. Ainsi, on devra appeler eau publique celle qui par sa destination est consacrée à tous les membres de l'État, eaux privées, au contraire, toutes celles qui n'ont pas cette destination.

Dans la session de 1828, à la Chambre des pairs, M. de Montville avait été autorisé à développer la proposition suivante : « Le lit des « rivières non flottables appartient aux propriétaires riverains. Lors- « que, pour cause d'utilité publique, le Gouvernement disposera de « ces cours d'eau, il sera alloué aux propriétaires riverains une indem-

« nité proportionnée au dommage éprouvé par la dépossession, com-
« pensation faite des avantages que ceux-ci pourront retirer de la mise
« en état de navigabilité. »

En 1834, une proposition de loi fut faite à la Chambre des députés
pour déclarer formellement les droits de propriété des riverains sur
tous les cours d'eau non navigables.

Ces deux propositions furent suivies de rapports favorables. La discussion dans la Chambre des pairs notamment, quoique suivie d'un
ajournement, fut non moins favorable au même principe, puisque
l'ajournement eut pour motif l'opinion presque unanimement admise
que le droit des riverains était consacré par le Code civil.

Il est utile d'indiquer que le projet de Code rural de 1808, précé-
demment cité, contenait les dispositions suivantes : « Art. 47. Le lit
« des cours d'eau non navigables ni flottables fait partie de chaque
« propriété riveraine: — Art. 48. La ligne de démarcation de ce lit,
« pour chaque propriété riveraine, sera tracée au milieu de ces cours
« d'eau, d'après les règles prescrites pour le bornage. »

La jurisprudence dans divers arrêts, l'administration supérieure
par divers décrets et ordonnances, rendus les uns et les autres dans
des espèces qui impliquaient la nécessité de se prononcer sur les principes de la matière, se montrèrent favorables aux droits privatifs des
intéressés.

La doctrine contraire a eu des partisans non moins convaincus.

Elle a été résumée avec force dans un travail, fruit de la science
d'un éminent magistrat, M. Rives, ancien conseiller d'État et décédé
doyen des conseillers à la Cour de cassation.

C'est à la faire prévaloir, et avec elle le système de la main-mise de
l'État sur l'ensemble des eaux non navigables et non flottables et de
leur concession purement facultative aux riverains, que n'ont cessé de
tendre en France les efforts de l'administration.

La Cour de cassation, enfin, est venue apporter à cette doctrine la
consécration judiciaire dans un arrêt, souvent cité, du 10 juin 1846,
annulant un arrêt contraire rendu par la cour d'Amiens.

Il est bon d'indiquer brièvement aussi les raisons sur lesquelles
s'appuie généralement cette opinion.

L'article 714, dit-on, doit régir les cours d'eau non navigables et
non flottables, faisant évidemment partie des choses qui n'appartiennent à personne et dont l'usage est commun à tous. Des lois réglementaires de police doivent déterminer la manière d'en jouir.

Le Code civil a fait pour la propriété riveraine des cours d'eau pé-
rennes tout ce qu'elle était raisonnablement en droit d'obtenir, puisqu'il
lui assure leur jouissance et leur émolument utile. Ce droit d'usufruit
légal, sauf la résolution par la mise en navigabilité de la rivière sur
laquelle il s'exerce, est perpétuel dans sa durée et perpétuellement
transmissible. Comment aller au delà et dépouiller le domaine public
du tréfonds du cours d'eau et du lit, alors que les héritages adjacents
des petites rivières les eurent toujours pour confins de leurs titres?

Le décret de 1852 sur la décentralisation (qui n'était, à vrai dire, que de la centralisation changée de place) fut le signal, de la part de beaucoup d'administrations préfectorales, de la mise en pratique de la doctrine que nous venons d'exposer.

Sous le prétexte de police et d'utilité générale, et à la faveur du droit de statuer réglementairement, conféré aux préfets par ce décret, s'organisa une sorte de direction universelle des eaux non navigables et non flottables; d'une préfecture à l'autre, les règlements, calqués sur un seul et même formulaire dû aux ingénieurs chargés du service hydraulique, ne différèrent que par quelques prescriptions légales sans importance.

Disons en passant que, devant cette tendance et ces actes de l'administration départementale, fruits si inattendus de la pensée qui avait inspiré le décret de 1852, l'action contraire du Conseil d'État ne tarda pas à se faire sentir. Des arrêts nombreux, œuvre d'une juridiction contentieuse, qui s'est montrée souvent la fidèle dépositaire des vrais principes, vinrent annuler successivement des arrêtés préfectoraux empreints d'un usage excessif de l'intervention administrative.

Disons aussi que c'est à ces mêmes actes, où la centralisation, seulement déplacée à son origine, avait pu, en devenant moins lente, devenir sans doute plus arbitraire, qu'est due une sorte de réaction naturelle qui domine dans le projet un peu trop exclusif de M. Raudot.

Les premières études de la question des eaux, en assemblée générale du Conseil d'État, études qui datent de 1864, la loi de juin 1865 sur les associations syndicales portent l'empreinte d'un même courant d'impressions, d'un même but à atteindre : dégager les intéressés des langes de la tutelle administrative, les habituer à se mouvoir seuls, à se concerter, à s'unir, à constituer l'autonomie des intérêts collectifs. S'il est vrai qu'on peut gouverner de loin, mais qu'on n'administre bien que de près, c'est encore de plus près et par soi-même qu'on est bon juge de ce que le soin de son intérêt réclame.

Nous avons dit que le livre II du projet de Code rural sur le régime des eaux avait fait la matière principale des travaux de la 9e section en ce qui touche les eaux non navigables et non flottables et les irrigations. Les points qui s'en dégagent peuvent être formulés sous les résolutions ou principes suivants, que la section soumet à l'approbation de l'assemblée générale :

I.

Une loi spéciale sur le régime des eaux est nécessaire et urgente. La Société des agriculteurs de France émet le vœu que cette loi soit présentée et votée sans attendre la solution à donner à l'ensemble du projet de Code rural.

II.

Le lit des cours d'eau qui ne sont ni navigables ni flottables par train, appartient aux propriétaires riverains.

En ce qui concerne l'eau courante qui borde ou qui traverse leurs héritages, les droits d'usage que la loi leur confère sont exercés par eux, en se conformant aux dispositions des règlements et autorisations émanés de l'administration.

Toutefois, celle-ci ne peut statuer qu'après avoir pris l'avis de l'association syndicale du cours d'eau, s'il en existe, ou de celle que l'administration sera tenue dans ce cas de faire constituer préalablement s'il n'en existe pas.

Les mêmes règles seront suivies pour tout ce qui touche aux opérations du curage.

III.

Le régime général de ces cours d'eau doit être réglé de manière à concilier les intérêts de l'agriculture et de l'industrie avec le respect dû à la propriété et aux droits et usages antérieurement établis.

IV.

Pour l'irrigation des terres, l'administration peut autoriser un ou plusieurs propriétaires non riverains à prendre dans les cours d'eau non navigables et non flottables l'eau qui n'est point absorbée par l'usage des riverains.

Elle ne pourra statuer qu'après avoir pris l'avis de l'association syndicale du cours d'eau, de la manière indiquée au n° II.

V.

Toutes les contestations auxquelles donneraient lieu l'application et l'exercice des droits et servitudes concernant l'irrigation sont portées en premier ressort devant le juge de paix du canton.

Les associations syndicales pourront avoir la faculté de compromettre sur ces contestations, en créant dans leur sein un tribunal arbitral.

VI.

La loi du 21 juin 1865 sur les associations syndicales doit subir les modifications nécessaires pour se concilier avec les dispositions qui précèdent et pour assurer le fonctionnement légal des intérêts collectifs représentés par le syndicat [1].

---

[1] Dans les sessions générales de février 1875 et mars 1876, la Société, appelée à examiner de nouveau la question des associations syndicales, a, sur le rapport de M. Dessaignes, émis le vœu que la loi du 21 juin 1865 fût modifiée ainsi :

1° Art. 9. Les propriétaires intéressés aux travaux spécifiés dans les huit numéros de l'article 1er de la loi pourront être réunis par arrêté préfectoral en association syndicale autorisée.

2° Addition à l'art. 15. En outre, un privilége, qui prend rang avant tout autre, est accordé sur les propriétés syndiquées pour le paiement des taxes et quotes-parts des dépenses syndicales.

Cependant toute personne ayant une créance privilégiée ou hypothécaire antérieure, a le droit, à l'époque de l'aliénation de l'immeuble, de faire réduire le privilége du syndicat à la plus-value existant à cette époque et résultant de travaux exécutés par le syndicat.

Premier vœu.

Aucun doute ne peut s'élever sur le besoin de voir cette question du régime des eaux sortir du dédale des interprétations et des conflits pour entrer enfin, d'une manière précise et complète, dans le domaine de la loi.

Ainsi que vous l'avez demandé pour les chemins ruraux, demandons aussi qu'elle soit détachée le plus tôt possible du projet de Code rural ; imitons l'exemple de nos voisins d'outre-Manche, en fait de réformes : que chaque jour suffise à celle qui est mûre et renonçons, au moins pour ces matières d'une utilité toute pratique, à ce qui semble être notre stérile devise : « Plutôt ne rien faire, que de ne pas tout faire ».

Deuxième vœu.

Nous allons plus loin que le Conseil d'État et moins loin que le projet de M. Raudot.

Ainsi que le proposait le Code rural de 1808, ainsi que l'affirmaient les propositions faites aux Chambres sous la monarchie parlementaire, pourquoi ne pas reconnaître aux riverains le droit à la propriété du lit des cours d'eau ? La reconnaissance de ce droit importe au respect dû à la propriété dans les questions de curage, de redressement et autres relatives aux cours d'eau ; elle marque un temps d'arrêt à l'omnipotence administrative.

Le droit à la propriété de l'eau courante, c'est différent. On a peine à comprendre que la pente ou force hydraulique de cette eau puisse être l'objet d'une propriété privée. Outre que ce droit restera toujours soumis à des lois de police générale, en matière de pêche, de sûreté, de salubrité publiques notamment, il ne peut constituer qu'un droit de propriété incomplet, un droit de jouissance commune ou, si l'on veut, un droit de propriété *sui generis*.

C'est donc ce droit de *quasi-propriété* des riverains qu'il s'agit d'entourer désormais des garanties de la loi.

Nous avons pensé que ces garanties et leur sanction peuvent se trouver dans la constitution des associations syndicales autorisées.

Le droit des intéressés, nul s'il demeure isolé, s'exercera efficacement au moyen des syndicats, dont la création sera rendue facile et les attributions complétées par les modifications à introduire dans la loi du 21 juin 1865.

D'une part, l'administration indispensable, il faut le reconnaître, pour concilier des intérêts variés et contradictoires et pour vaincre l'inertie privée ; d'une autre part, l'intérêt collectif manifestant ses besoins, s'exerçant au contrôle et résistant à ce qu'il peut y avoir d'exclusif et de systématique dans les agissements de l'administration.

Là est le remède, selon nous, et non dans un système qui ferait table rase de tout ce qui existe, tendance trop commune chez nous, qui nous porte à détruire toute institution qu'il nous paraît difficile ou qu'il serait simplement utile d'améliorer.

Il est peu de questions sur lesquelles, plus que dans cette matière, chacun ait son opinion influencée par le fait dont il a souffert.

Il était impossible que l'administration, obéissant presque toujours à des instructions uniformes, parvînt à généraliser assez des dispositions réglementaires, pour qu'elles pussent s'appliquer à tous les cas possibles dans un sujet aux nuances si multiples. Dans beaucoup de règlements, il était tenu plus de compte du droit à l'usage de l'eau au profit de l'industrie qu'au profit de l'agriculture ; dans quelques-uns, l'irrigation n'est pas même mentionnée.

La collectivité d'intérêts, représentée par l'association syndicale, fera connaître ses besoins ; l'administration ne statuera point avant qu'elle les ait formulés.

Là se trouvent, à notre avis, les éléments d'une vraie décentralisation. C'est à ce fonctionnement, espérons-le, que se formeront des mœurs publiques plus propres à la connaissance et à la saine pratique des affaires. La loi seule y sera impuissante. Sans cette réforme de nos habitudes, selon l'expression du rapporteur d'un des comices consultés, « à l'inertie d'aujourd'hui, la meilleure loi du monde ne substituera encore que l'inertie de demain ».

Troisième vœu.

Il appartient à une société comme la nôtre d'insister pour faire reconnaître les droits de l'agriculture à l'égal au moins des droits de l'industrie.

Dans beaucoup de petits cours d'eau surtout, l'usine « faisant de blé farine » prédominait sur le droit à l'irrigation, inscrit pourtant dans les articles 644 et 645 du Code civil.

Cela se conçoit, si l'on remonte aux temps, déjà loin de nous, Dieu merci ! où l'état impraticable des chemins imposait à chaque groupe d'habitants, dans un rayon étroit, la nécessité de pourvoir d'abord à sa subsistance. Le pain passait avant la viande. Aujourd'hui l'amélioration progressive des chemins vicinaux permet d'aller trouver au loin l'usine expéditive, le moulin aux nombreuses paires de meules. Les moyens et petits cours d'eau, moins sujets à la concurrence de la grande industrie, peuvent donc se mieux prêter aux revendications de l'agriculture en matière d'irrigation.

Le projet de Code rural, empreint d'un esprit libéral, en tient grand compte.

Quatrième vœu.

La question du droit à l'irrigation concédé aux non-riverains dans le bassin d'un cours d'eau est fort délicate ; elle peut être fertile en difficultés, en procès. L'association syndicale bien comprise peut servir encore à la résoudre.

Le projet de Code rural tient compte encore des intérêts agricoles engagés dans cette matière et des réclamations dont elle a été l'objet.

C'est un droit nouveau à introduire : le droit de participation des non-riverains, sans nuire pourtant aux droits antérieurs des riverains inscrits dans le Code civil et que nous avons appelés droits de *quasi-propriété*. Si nous n'avons pu nous associer au premier principe du projet de M. Raudot, dans ce qu'il avait de trop absolu, c'est surtout par le point qui nous occupe que notre opinion peut trouver sa justification.

Il nous a semblé, en effet, qu'il y avait comme une sorte de contradiction à proclamer ainsi, dans son entier, le droit de propriété des riverains. On serait presque autorisé à dire que la propriété des premiers ne se trouve ainsi affirmée que pour mieux la violer au profit des seconds. Nous rendons hommage à la pensée d'affranchissement qui a inspiré ce projet, sans avoir pu partager l'espoir que tout saurait se résoudre par la seule force de la loi, sans le secours d'une autorité modératrice, apte à se transporter sur les lieux et remplissant d'une façon permanente, sans frais, ce rôle d'expert par lequel, après tout, se termine toute contestation judiciaire en cette matière.

Laisser des intérêts rivaux s'exercer sans aucun frein, espérer que de l'usage ne naîtra point l'abus, et, si de l'abus naît la contestation, mettre entre ces intérêts le juge civil, voire même en dernier ressort le juge de paix, c'est peut-être d'abord ne point assez tenir compte des passions des hommes lorsque leurs intérêts sont en jeu ; c'est ensuite, nous le craignons bien, introduire l'anarchie et la discorde dans le domaine paisible de l'agriculture.

Nous le répétons, l'intervention administrative est nécessaire, et nous l'admettons avec le contre-poids, nécessaire aussi, de l'action syndicale.

Cinquième vœu.

Le projet de Code rural apporte une heureuse innovation aux lois de 1845 et de 1847 sur l'irrigation, généralement connues sous le nom de lois d'Angeville, la première relative au droit d'aqueduc, la seconde au droit d'appui.

La compétence du juge de paix est substituée sagement à la procédure instituée par ces lois et qui, quoique réduite aux formes de la matière sommaire, était encore longue et dispendieuse. C'est le principe de la loi de juin 1854 sur le drainage.

C'est faire un pas de plus, et dont nous ne nous dissimulons point l'importance, que de profiter du rôle nouveau et prépondérant des associations syndicales pour y introduire la juridiction arbitrale.

Mais, de l'initiation des intéressés au maniement de leurs intérêts collectifs, de l'appréciation chaque jour mieux sentie qu'en échappant aux procès on se soustrait aux pertes d'argent et aux pertes de temps, cette autre monnaie au double étalon, il n'y a plus qu'un pas pour souhaiter la forme simple de la décision arbitrale. Ce tribunal pourrait être constitué dans le sein du syndicat.

Ce serait en quelque sorte le jugement des prud'hommes passant de l'industrie à l'agriculture.

Nous signalerons une exception nécessaire en développant les motifs du vœu suivant.

Sixième vœu.

La loi du 21 juin sur les associations syndicales, on l'a dit avant nous, demande à être modifiée. Ces modifications seraient impérieusement commandées par le rôle plus étendu que nous souhaitons voir donner à ce mode particulier d'association et de représentation d'intérêts collectifs.

Et d'abord, par cette loi, l'irrigation n'est rangée que dans les matières qui peuvent seulement former l'objet d'associations syndicales libres.

On remarquera que le curage des cours d'eau non navigables ni flottables, et tout ce qui s'y rattache, peut au contraire faire l'objet d'associations syndicales autorisées.

Pourquoi, si le syndicat est formé pour ce dernier objet, soit sur l'initiative des intéressés, soit sur celle des préfets, ne rangerait-on pas aussi l'irrigation au nombre de ses attributions ?

Cette distinction mise en avant que, pour le curage, il s'agit d'un intérêt public et, pour l'irrigation, d'un intérêt collectif, ne semble-t-elle pas un peu subtile ? Là encore, l'intérêt des usiniers ne paraît-il pas préféré à celui des propriétaires de terrains irrigables ?

Aussi, dans le sein de la commission de 1865 se sont trouvés des partisans de l'opinion à laquelle nous nous rangeons.

Pour l'association libre, on le sait, l'adhésion des intéressés doit être unanime. Attendre cette unanimité de la seule clairvoyance de l'intérêt privé, ce n'est pas tenir assez de compte de la faiblesse humaine.

Il y aura toujours cet unique récalcitrant bien connu qui dira *non*, parce que tout le monde a dit *oui ;* c'est le descendant de l'Athénien qui votait l'exil d'Aristide parce que cela l'ennuyait de l'entendre appeler le Juste.

Les conditions de l'autorisation sont connues. C'est la mise en pratique du principe de la représentation du nombre et des intérêts : une majorité possédant les deux tiers de la superficie des terrains, ou les deux tiers des intéressés possédant plus de la moitié de la superficie.

Si cette majorité n'est pas obtenue, nous demandons le rétablissement de l'ancien article 14 du projet de loi, article supprimé par la commission.

Dans ce cas, à défaut du préfet, qui ne peut plus autoriser, il est statué d'office par un décret délibéré en Conseil d'État. C'est le principe de l'association forcée ; il est le fondement même du système adopté par la 9e section.

L'intervention de l'administration est indispensable, nous croyons l'avoir démontré ; il faut alors savoir choisir : ou laisser cette action s'exercer sans contrôle, ou organiser à tout prix ce contrôle. Si, pour l'organiser, quelques intérêts dissidents se trouvent froissés ; si l'on objecte que d'ailleurs ce contrôle sera inefficace, qu'on se heurtera contre l'inertie privée, contre les habitudes de laissez-faire, il faudra bien alors ne plus se plaindre et renoncer à ces griefs si souvent articulés de main-mise, d'ingérence, de tutelle administrative.

Nous avons proposé la constitution d'un tribunal arbitral. Il sera loisible aux associations syndicales de l'introduire dans leurs statuts. Comme nul, sans son consentement, ne peut être distrait de ses juges naturels, il est bien entendu que, dans les associations qui l'auraient adoptée, cette juridiction ne régirait point les contestations dans lesquelles seraient engagés des non-adhérents, soit des associations à majorité légale, soit des associations forcées.

Le complément naturel de notre travail sera la transcription du livre II du projet de Code rural pour la partie qui s'y rattache. Nous mettons en regard les articles modifiés par la commission, en nous conformant à la méthode suivie dans le travail si remarquable de nos collègues, MM. Labiche et Bordet, sur les chemins ruraux.

Un dernier mot fera apprécier le bienfait de l'adoption d'une loi définitive sur le *régime des eaux :* outre l'interprétation qu'y reçoivent les articles du Code civil qui s'y rattachent, cette loi remplacerait et abrogerait 29 lois, dont la plus ancienne est l'édit de Henri IV, en 1599, sur le desséchement des marais, 14 décrets ou ordonnances, et elle condenserait la jurisprudence de 18 arrêts de la Cour de cassation et 33 arrêts ou avis du Conseil d'État.

En terminant, je dois constater que la commission a emprunté aux communications de nos collègues des départements les renseignements les plus utiles. Nous n'omettrons pas de remercier aussi M. le comte Van der Straten Ponthoz, vice-président de la Société centrale d'agriculture et du conseil supérieur d'agriculture de Belgique, qui s'est occupé d'une façon toute spéciale de cette importante question des cours d'eau et a bien voulu nous envoyer tous ses travaux.

Permettez-moi, maintenant, messieurs, de vous donner lecture du projet de Code rural sur cette matière et de vous proposer d'adopter, outre les conclusions précitées, les modifications indiquées par la section :

LIVRE DEUXIÈME. — RÉGIME DES EAUX.

Titre 1er. — Eaux pluviales et sources.

Art. 1er. Tout propriétaire a droit d'user et de disposer des eaux pluviales qui tombent sur son fonds.

Il peut les retenir et les aménager pour assainir ou arroser le fonds ; il peut aussi les employer à un usage industriel, à la charge d'une indemnité au profit du propriétaire du fonds inférieur, si l'usage des eaux ou la direction qui leur est donnée aggrave la servitude naturelle d'écoulement établie par l'article 640 du Code civil.

Art. 2. Les dispositions de l'article précédent sont applicables aux eaux de sources nées spontanément sur un fonds.

Art. 3. Les maisons, cours, jardins, parcs et enclos attenant aux habitations, ne peuvent être assujettis à aucune aggravation de la servitude naturelle d'écoulement des eaux pluviales ou des eaux de source, dans les cas prévus par les deux articles précédents.

Art. 4. Lorsque, par des sondages ou par des travaux souterrains, un propriétaire fait surgir une source nouvelle dans son fonds, les propriétaires des fonds inférieurs doivent recevoir les eaux de cette source, mais ils ont droit à une indemnité en cas de dommage résultant de l'écoulement des eaux.

Art. 5. Les maisons et cours sont exceptées de la servitude établie par l'article précédent.

Art. 6. Les contestations auxquelles peuvent donner lieu l'établissement et l'exercice des servitudes établies par les articles 1, 2 et 4, et le règlement, s'il y a lieu, des indemnités dues aux propriétaires des fonds inférieurs, sont portées en premier ressort devant le juge de paix du canton, qui, en prononçant, doit concilier les intérêts de l'agriculture et de l'industrie avec le respect dû à la propriété.

S'il y a lieu à expertise, il peut n'être nommé qu'un seul expert.

Art. 7. Le propriétaire d'une source ne peut en changer le cours à la sortie de son fonds, lorsque depuis plus de trente ans des usines ou des barrages ont été légalement établis sur le cours d'eau auquel la source donne naissance.

Art. 8. L'usage des eaux pluviales qui s'écoulent d'une voie publique sur les fonds riverains, se règle entre les propriétaires voisins par leurs conventions.

A défaut de conventions, le propriétaire du fonds supérieur a le droit d'user et de disposer des eaux.

Articles modifiés par la commission.

Le propriétaire du fonds inférieur ne peut conserver ce droit en se fondant sur une possession contraire, quelle que soit sa durée.	Avec cette addition : *excepté s'il s'agit de droits acquis aux habitants d'une commune, conformément à l'article 643 du Code civil.*

Titre II. — Cours d'eau non navigables et non flottables.

Chapitre Ier. — Des droits des riverains.

Art. 9. Les riverains n'ont sur l'eau courante qui borde ou qui traverse leurs héritages, que les droits d'usage qui leur sont attribués par la loi. Ils sont tenus de se conformer, dans l'exercice de ces droits, aux dispositions des règlements et des autorisations émanés de l'administration.	Art. 9. *Le lit des cours d'eau qui ne sont ni navigables ni flottables par train, appartient aux propriétaires riverains.* *En ce qui concerne l'eau courante qui borde ou qui traverse leurs héritages, les droits d'usage que la loi leur confère sont exercés par eux, en se conformant aux dispositions des règlements et autorisations émanés de l'administration.* *Toutefois, celle-ci ne peut statuer qu'après avoir pris l'avis de l'association syndicale du cours d'eau, s'il en existe, ou de celle que l'administration sera tenue, dans ce cas, de faire constituer préalablement, s'il n'en existe pas, conformément à la loi du 21 juin 1865, et à l'article 31 ci-après.*
Art. 10. L'administration peut dans un but d'utilité publique, spécialement pour l'irrigation des terres, l'établissement d'usines ou l'alimentation de fon-	Art. 10. Ajouter le paragraphe suivant : *Cette autorisation ne sera donnée qu'après avoir pris l'avis de l'associa-*

taines publiques, autoriser un ou plusieurs propriétaires non riverains à prendre dans les cours d'eau non navigables et non flottables, l'eau qui n'est point absorbée par l'usage des riverains.

tion syndicale, de la manière indiquée en l'article précédent.

Art. 11. Le propriétaire des deux rives d'un cours d'eau a le droit de prendre dans le lit tous les produits naturels et d'en extraire de la vase, du sable et des pierres, à la charge de ne point modifier le régime des eaux, et d'exécuter le curage conformément aux règles établies par le chapitre III du présent titre.

Il devient propriétaire du lit lorsqu'il est abandonné, soit naturellement, soit par l'effet de travaux légalement exécutés.

Art. 12. Lorsque les deux rives appartiennent à des propriétaires différents, chacun d'eux exerce les droits déterminés par l'article précédent, jusqu'à la ligne qu'on suppose tracée au milieu du cours d'eau.

Art. 13. L'alluvion et les relais formés dans les rivières non navigables et non flottables profitent aux propriétaires riverains, conformément aux dispositions des articles 556 et 557 du Code civil.

Art. 14. Les îles, îlots et atterrissements qui se forment dans le lit des rivières appartiennent également aux propriétaires riverains, d'après les règles établies par l'article 561 du même Code.

Art. 15. Lorsqu'un cours d'eau abandonne naturellement son lit, les propriétaires des fonds sur lesquels le lit nouveau s'établit sont tenus de souffrir le passage des eaux sans indemnité.

Chapitre II. — Police et conservation des eaux.

Art. 16. L'autorité administrative est chargée de la conservation et de la police des cours d'eau non navigables et non flottables.

Art. 17. Des décrets, rendus dans la forme des règlements d'administration publique, fixent, s'il y a lieu, le régime général de ces cours d'eau, de manière à concilier les intérêts de l'agriculture et de l'industrie avec le respect dû à la propriété et aux droits et usages antérieurement établis.

Art. 18. Aucun barrage, aucun ouvrage destiné à l'établissement d'une prise d'eau, d'un moulin ou d'une usine, ne peut être entrepris sur une rivière non navigable et non flottable sans l'autorisation de l'administration, lorsque les ouvrages sont de nature à modifier le régime des eaux établi dans l'intérêt général de l'agriculture et de l'industrie.

Art. 18 bis. Il ne pourra être statué soit par décret, soit par arrêté préfectoral, sur les objets énumérés aux articles 17 et 18 qui précèdent, qu'après avoir pris l'avis de l'association syndicale des cours d'eau, constituée de la manière indiquée aux articles 9 et 31.

Art. 19. Les préfets statuent en conseil de préfecture et après enquête :

1º Sur l'établissement des ouvrages relatifs aux moulins et usines, patouillets, bocards et lavoirs à mines ;

2º Sur les prises d'eau pour irrigation au profit des riverains et non-riverains, ou pour l'alimentation des fontaines publiques ;

3º Sur la régularisation de l'existence des usines et ouvrages non autorisés et n'ayant pas de titre légal ;

4º Sur les révocations et modifications d'autorisation données par eux.

Art. 20. La forme de l'instruction qui doit précéder les arrêtés des préfets est déterminée par un règlement d'administration publique.

Art. 21. La permission d'établir un nouvel ouvrage, de modifier un ouvrage existant, ou de faire une prise d'eau, est toujours donnée sous la réserve des droits des tiers.

Art. 22. S'il y a réclamation des parties intéressées contre l'arrêté du préfet, il est statué par décret rendu sur l'avis de la section des travaux publics du Conseil d'État, sans préjudice du recours au contentieux en cas d'excès de pouvoir.

L'arrêté du préfet est exécutoire par provision.

Art. 23. Les permissions peuvent être révoquées ou modifiées sans indemnité dans l'intérêt de la salubrité publique, ou pour prévenir ou faire cesser les inondations ; dans tous les autres cas, elles ne peuvent être révoquées ou modifiées que moyennant indemnité à la charge de ceux qui doivent profiter des révocations ou modifications.

Suppression du dernier paragraphe par les motifs suivants : en matière civile, le recours en cassation n'est pas suspensif, mais deux degrés de juridiction ont été épuisés; en accordant l'exécution alors que le second degré de juridiction, le recours au Conseil d'État, reste ouvert, des travaux pourraient être détruits dont le décret autoriserait le maintien, contrairement à l'arrêté du préfet.

Ajouter à l'article 23 ce dernier paragraphe :

Il ne sera statué par les préfets dans aucun des cas qui précèdent, avant d'avoir pris l'avis de l'association syndicale.

Art. 24. La permission ne fait aucun obstacle à ce que des dommages-intérêts soient accordés contre celui qui l'a obtenue, par les tribunaux civils, dans le cas où elle nuirait à des droits acquis.

Art. 25. Les propriétaires ou fermiers des moulins et usines autorisés ou ayant une existence légale sont garants des dommages causés aux chemins et aux propriétés voisines.

Art. 26. Les maires peuvent, sous l'autorité des préfets, prescrire toutes les mesures nécessaires pour la conservation de la police des cours d'eau.

Ajouter à l'article 26 ce paragraphe :
Avant d'autoriser l'arrêté du maire, le préfet devra en donner communication à l'association syndicale.

Chapitre III. — Curage.

Art. 27. Le curage comprend tous les travaux nécessaires pour rétablir un cours d'eau dans sa largeur et sa profondeur naturelles, sans préjudice de ce qui a été réglé à l'égard des alluvions.

Il appartient au préfet de procéder, s'il y a lieu, à la reconnaissance et à la constatation des limites naturelles des cours d'eau, sauf recours au conseil de préfecture en cas de contestation.

Art. 28. Le curage est à la charge de tous les propriétaires riverains ou non riverains intéressés au libre écoulement des eaux. Chacun des propriétaires est tenu dans la proportion de son intérêt.

Art. 29. Il est pourvu par les préfets au curage des cours d'eau non navigables et non flottables, et à l'entretien des ouvrages qui s'y rattachent, de la manière prescrite par les anciens règlements et les usages locaux.

Art. 30. Le préfet peut, sur la demande de la majorité des intéressés, ou d'office, après avis du conseil général, réunir en association syndicale les propriétaires intéressés au curage.

Son arrêté règle l'organisation et détermine le mode d'administration de l'association.

Les articles 30, 31 et 34, remplacés par les articles suivants :

Art. 30. *En conformité de la loi du 21 juin 1865, le préfet doit, à la demande d'un ou plusieurs intéressés ou d'office, réunir en association syndicale les propriétaires intéressés au curage.*

Art. 31. Les syndics sont élus par les membres de l'association.

Le préfet, en conseil de préfecture, détermine le mode de représentation des divers intérêts dans l'assemblée générale.

Si l'association refuse ou néglige de procéder à l'élection, les syndics sont nommés par le préfet.

Lorsque les communes, le département ou l'État, concourent à la dépense, leurs représentants sont de droit membres du syndicat.

Art. 31. Dans le cas où le procès-verbal de l'assemblée ne constate pas l'adhésion des intéressés dans les conditions spécifiées à l'article 12, le préfet transmet avec son avis, au ministre, les plans, avant-projets et devis des travaux, ainsi que les pièces de l'enquête.

Un décret rendu en Conseil d'État déclare, s'il y a lieu, l'utilité des travaux, et constitue l'association syndicale.

Le même décret règle l'organisation de l'association, détermine son mode d'administration, et arrête les bases générales de la répartition des dépenses.

(Ancien article 14 du projet de loi sur les associations syndicales.)

Lorsque les communes, les départements ou l'État, concourent à la dépense, leurs représentants sont de droit membres du syndicat.

La commission départementale désigne le représentant du département en conformité de l'article 87 de la loi du 10 août 1871.

Art. 32. Le syndicat est chargé de l'exécution des travaux de curage et de la répartition de la dépense entre tous les intéressés ; il doit se conformer aux anciens règlements et aux usages locaux.

Art. 32. Le syndicat est chargé de l'exécution des travaux de curage et de la répartition de la dépense entre tous les intéressés, et d'après le degré d'intérêt de chacun des membres de l'association ; il doit se conformer aux anciens règlements et aux usages locaux.

Art. 33. Si l'application des règlements ou l'exécution du mode de curage consacré par l'usage présente des difficultés, ou si des changements survenus exigent des dispositions nouvelles, il y est pourvu par un décret délibéré dans la forme des règlements d'administration publique.

Art 34. Le décret règle l'organisation de l'association, détermine son mode d'administration et arrête les bases générales de la répartition des dépenses.

Art. 34. Supprimé et remplacé par l'article 31 ci-dessus.

Art. 35. Chaque décret est précédé d'une enquête et d'une instruction dont les formes sont déterminées par un règlement d'administration publique.

Art. 35. Comme au projet.

Art. 36. Le syndicat est élu ou nommé et est organisé conformément aux dispositions de l'article 31.

Il procède à l'exécution des travaux et à la répartition de la dépense entre

Art. 36. Supprimé et remplacé par l'article 32 ci-dessus.

tous les intéressés, sur les bases établies par le décret et d'après le degré d'intérêt de chacun des membres de l'association.

Art. 37. Dans tous les cas, les rôles ou les états de répartition des sommes nécessaires au payement des travaux de curage ou d'entretien des ouvrages sont rendus exécutoires par le préfet.

Le recouvrement de ces sommes s'opère de la même manière que celui des contributions directes.

Art. 38. Toutes les contestations relatives au recouvrement des rôles, aux demandes en réduction ou décharge, formées par les imposés, et aux dommages causés par l'exécution des travaux, sont portées devant le conseil de préfecture, sauf recours aux Conseil d'État.

Chapitre IV. — Des endiguements.

Nota. Les 26 articles du projet de Code rural sur les endiguements ne demandent aucune modification. C'est l'application de la loi du 21 juin 1865 sur les associations syndicales, avec faculté de la constituer d'office par décret, ainsi que la commission le demande également pour les chapitres Ier, II et III qui précèdent.

Chapitre V. — Élargissement et redressement.

Art. 63. Les dispositions du chapitre des endiguements sont applicables aux travaux d'élargissement ou de redressement du lit des cours d'eau non navigables et non flottables.

Nota. Même fonctionnement de l'association syndicale et même constitution d'office.

Art. 64. Lorsqu'il est nécessaire de recourir à l'expropriation pour cause d'utilité publique, les travaux sont autorisés par arrêté du préfet, rendu après avoir pris *l'avis du conseil général du département.*

Art. 64. *Lorsqu'il est nécessaire de recourir à l'expropriation pour cause d'utilité publique, les travaux sont autorisés par arrêté du préfet, après avoir pris l'avis de la commission départementale instituée par la loi du 10 août 1871.*

Art. 65. Si les travaux de curage, d'endiguement, d'élargissement ou de redressement des cours d'eau non navigables et non flottables, intéressent la salubrité publique, le décret ou l'arrêté qui les ordonne peut mettre une partie de la dépense à la charge des communes dont le territoire est assaini.

Dans ce cas, le décret ou l'arrêté détermine quelles sont les communes intéressées et fixe la part que chacune d'elles doit supporter dans la dépense.

Art. 65. Ajouter ce paragraphe :
Il ne sera statué qu'après avoir pris l'avis de la commission départementale.

TITRE IV. — IRRIGATIONS.

Art. 154. Tout propriétaire qui veut se servir, pour l'irrigation de ses propriétés, des eaux naturelles ou artificielles dont il a le droit de disposer, soit comme riverain, soit en vertu de concessions régulières, peut obtenir la faculté d'appuyer, sur la rive opposée ou sur les deux rives, les ouvrages d'art nécessaires à sa prise d'eau, à la charge d'une juste et préalable indemnité.

Art. 155. Il peut aussi, sous la même condition, obtenir le passage de ces eaux sur les fonds intermédiaires.

Art. 156. Les bâtiments, cours et jardins attenant aux habitations, sont exempts des servitudes d'appui et d'aqueduc établies par les deux articles précédents.

Les parcs et enclos attenant aux habitations sont assujettis à la servitude d'appui : ils sont exceptés de la servitude d'aqueduc.

Art. 157. Le riverain sur le fonds duquel l'appui est réclamé, peut toujours demander l'usage commun des ouvrages, en contribuant dans la proportion de son intérêt aux frais d'établissement et d'entretien.

Art. 158. Lorsque cet usage commun n'est réclamé qu'après le commencement ou la confection des travaux, celui qui le demande doit supporter seul l'excédant de dépense auquel peuvent donner lieu les changements à faire au barrage pour le rendre propre à l'irrigation des deux rives.

Art. 159. Le propriétaire du fonds intermédiaire sur lequel le passage des eaux a été réclamé, peut aussi, sous les conditions exprimées dans les deux articles précédents, obtenir l'usage commun, soit du barrage, soit du canal de dérivation, s'il a d'ailleurs le droit de disposer des eaux.

Art. 160. Les propriétaires des fonds inférieurs doivent recevoir les eaux qui s'écoulent des terrains arrosés, sauf l'indemnité qui peut leur être due.

Art. 161. Sont exceptés de cette servitude les bâtiments, cours, jardins, parcs et enclos attenant aux habitations.

Art. 162. Les contestations auxquelles peut donner lieu l'application des articles concernant l'irrigation, sont portées en premier ressort devant le juge de paix du canton, qui, en prononçant, doit concilier les intérêts de l'opération avec le respect dû à la propriété.

S'il y a lieu à expertise, il peut n'être nommé qu'un seul expert.

M. DE LA BLANCHÈRE. Il y a dans l'eau des éléments dont nous devrions tirer le plus grand parti. Nous pourrions trouver dans le revenu des eaux, non 3 millions, mais 300 millions; je demande que l'on formule ainsi l'article 3 des conclusions :

« Le régime général des cours d'eau doit être réglé de manière à concilier les intérêts de l'agriculture, de l'industrie *et de l'empoissonnement*, avec le respect dû à la propriété et aux droits et usages antérieurement établis. »

M. LE COMTE D'ANDIGNÉ présente, sur l'article 2, l'amendement suivant : remplacer les mots du 2ᵉ paragraphe : *en se conformant aux dispositions des règlements et autorisations émanés de l'administration,* par ceux-ci : *aux dispositions de la loi.*

M. d'Andigné demande aussi que la loi inscrive un chiffre maximum d'élévation des eaux et ne laisse pas à l'arbitraire de l'administration le soin d'en décider.

M. DESSAIGNES répond que la loi ne pouvait statuer sur une question toute locale et toujours variable, celle du minimum d'un niveau d'eau;

qu'il appartenait à un règlement d'administration de le faire, mais que pour ce motif les intéressés constitués en association syndicale devraient être consultés.

Le rapporteur a ajouté que la commission avait une tâche suffisante, sans faire le procès au Code civil et à la loi sur la pêche, ainsi que cela résulterait de la doctrine de M. de La Blanchère.

M. MARC DE HAUT admet les syndicats pour les grands cours d'eau, mais ce serait aller trop loin, selon lui, que de créer d'autorité des syndicats pour tous les cours d'eau; il demande que, dans l'article 2, au lieu de — *s'il n'en existe pas*, — on mette — *si elle est réclamée par les riverains*.

M. DESSAIGNES fait observer que la constitution d'office et pour tous les cas de l'association syndicale, c'était le rétablissement de l'ancien article 14 de la loi du 21 juin 1865, qui avait eu beaucoup de partisans; qu'aux yeux de la commission tout son système protecteur du droit de l'irrigation était dans cette disposition; que devant l'inertie de la majorité des intéressés, devant l'abstention, cette plaie si connue, il était indispensable que la minorité, si petite qu'elle soit, pût être représentée; qu'au moment ou l'administration était seule à agir, il était juste qu'elle eût devant elle un contradicteur; que c'était en quelque sorte ce qu'est en matière pénale la nomination de l'avocat d'office imposé à celui qui néglige ou qui refuse de se défendre.

M. MARC DE HAUT. On peut désigner des avocats d'office et il ne peut y avoir que des syndicats volontaires.

M. LE COMTE D'ANDIGNÉ. Je demande à la loi ce que vous demandez au règlement. Nous préférons la loi au bon plaisir de l'administration.

La clôture de la discussion est prononcée.

Les amendements proposés par MM. de La Blanchère, le comte d'Andigné et Marc de Haut ne sont pas adoptés.

L'assemblée adopte successivement les six articles proposés par la 9e section. (V. p. 95 et 96.) La Société adopte également les articles concernant les eaux pluviales et sources, les cours d'eau non navigables et non flottables, la police et la conservation des eaux, le curage, les endiguements, l'élargissement et le redressement, les irrigations, contenus dans le *Livre deuxième* du projet de Code rural, avec les modifications indiquées par la section [1].

[1] Ce vote a été renouvelé dans les mêmes termes en 1876, séance générale du 23 mars.

TITRE V.

EAUX STAGNANTES.

CHAPITRE PREMIER.

ÉTANGS.

(Art. 106 à 108.)

SECTION D'ÉCONOMIE ET DE LÉGISLATION RURALES.

Séance du 9 avril 1873.

RAPPORT

par M. le comte de Luçay.

M. LE COMTE DE LUÇAY fait, au nom de la commission du Code rural, un rapport verbal sur le chapitre 1er du titre V du livre II de ce Code : *Étangs*.

En ce qui concerne les étangs, dit-il, leur établissement n'est actuellement soumis à aucune formalité ni autorisation. Mais l'administration peut ordonner la suppression des étangs existants, pour cause d'insalubrité ou d'inondation des fonds inférieurs, aux termes de la loi du 11 septembre 1792.

Le projet, adopté en 1864 par le Conseil d'État, subordonnait la création d'un étang, d'une étendue supérieure à deux hectares, à l'obligation d'une déclaration préalable du propriétaire. Dans les trois mois de la déclaration, le préfet avait le droit de former opposition, et cette opposition pouvait être déférée au ministre de l'agriculture et des travaux publics, qui prononçait administrativement, la section compétente du Conseil d'État entendue préalablement. Le rapporteur pense que ce système, qui a surtout en vue l'intérêt général de la salubrité, mais qui ne serait pas pour la propriété privée sans avantages, devrait être adopté, au moins en principe, et sauf à examiner les détails de l'application.

M. DE LA TEILLAIS combat cette proposition au nom de la liberté de la propriété, et de la difficulté qu'il y aurait à faire détruire un étang ainsi officiellement autorisé s'il devenait insalubre.

M. JAMETEL partage cette opinion.

M. PLÉ prend la parole pour soutenir la proposition de M. de Luçay. D'après lui un étang doit être mis sur le même pied que tout établissement insalubre, et les mêmes formalités doivent présider à sa création.

M. LE PRÉSIDENT fait observer qu'une décision prise par le Conseil d'État relativement à un étang serait si grave, qu'elle rendrait bien difficile toute modification relative à son régime, quand même elle deviendrait nécessaire.

Ce serait un jugement favorable rendu par avance.

La discussion continue entre MM. Bochin, de La Teillais, Plé, de Luçay et Jametel. Enfin la proposition est mise aux voix et repoussée.

Séance du 10 avril.

M. DE LUÇAY, rapporteur, estime que, par suite du vote émis par la commission dans sa dernière séance, vote qui a repoussé l'ingérence de l'administration, lorsqu'un particulier a l'intention de créer un étang sur sa propriété, il n'y a plus lieu de s'occuper du chapitre 1ᵉʳ du titre V, intitulé : *Étangs.*

M. MONNIER, revenant sur la discussion de la veille, serait d'avis que la suppression d'un étang ne pût pas être ordonnée par l'autorité administrative, sans que le propriétaire de cet étang fût admis à discuter le bien fondé de l'arrêté administratif qui lui porte un si grave préjudice.

Tel n'est pas le sentiment de M. de La Teillais. Le droit de l'administration est absolu ; il est basé sur l'intérêt de la salubrité publique, qu'elle a le devoir de prendre en main ; devant cet intérêt tous les droits particuliers sont tenus de s'incliner. Elle n'a pas à indiquer au propriétaire les mesures qui, en assainissant l'étang insalubre, auraient permis son maintien. Ce n'est pas là son affaire, mais bien et exclusivement celle de ce propriétaire. L'étang est insalubre, il suffit ; l'autorité administrative est parfaitement autorisée à prescrire sa suppression.

M. MONNIER réplique que cet arrêté de suppression aurait parfois les résultats les plus iniques. Ainsi, voici un propriétaire qui, avant de créer un étang, s'est entouré de toutes les lumières possibles, il aura même obtenu (ce n'est pas une hypothèse, le fait a eu lieu plusieurs fois à sa connaissance) un avis favorable du comité d'hygiène et de salubrité de sa circonscription ; puis, plus tard, le même comité émet un avis absolument contraire, en vertu duquel l'étang est supprimé. Est-ce juste ?

M. DE LA TEILLAIS ne trouve pas cette contrariété d'avis émis par le comité d'hygiène si choquante. Supposez, en effet, que le comité ait émis son premier avis au mois d'avril ou de mai, et le second au mois d'août ou de septembre, à une époque où se produisent les fièvres paludéennes, qui ne sévissent point dans le pays à la première date, il sera parfaitement naturel que le comité n'ait été frappé qu'en second lieu seulement des inconvénients de l'existence de l'étang, inconvénients qui n'auraient pu se révéler lors de sa première délibération.

L'assemblée partage l'avis de M. de Luçay, de ne plus s'occuper des étangs, et passe à l'étude du chapitre II.

CHAPITRE II.

DESSÉCHEMENT DES MARAIS.

(Art. 109 à 135.)

===

SESSION GÉNÉRALE DE 1874.
Séance du 10 *février.*

RAPPORT
par **M.** le comte de Luçay sur le desséchement des marais.

MESSIEURS,

Le desséchement des marais est pour l'agriculture une question de premier ordre. La superficie des terrains marécageux en France n'était pas moindre en effet, il y a quelques années, de 600,000 hectares, répartis inégalement sur la moitié environ de nos départements [1]. Sans parler des intérêts de la salubrité et de la santé publiques, il n'est pas besoin d'insister sur les résultats considérables que la mise en valeur de ces terrains aurait au point de vue de la production des céréales, et surtout de l'élève du bétail. Aussi les rédacteurs du projet de 1808 [2], comme le rapporteur du Sénat en 1857 et le Conseil d'État en 1870 [3], n'ont-ils pas hésité à donner place dans le Code rural à la législation sur cette matière. Telle a été également, messieurs, l'avis de votre 9ᵉ section.

Avant de vous faire connaître les résultats qu'elle a adoptés, et qui doivent faire suite aux articles relatifs aux cours d'eau non navigables et non flottables, nous vous demanderons la permission de vous présenter très-brièvement quelques indications générales sur les dispositions législatives actuelles, ainsi que sur l'état de choses antérieur.

I. Le premier acte de l'ancienne monarchie qui ait constaté de grandes entreprises de desséchement est l'édit de Henri IV, du 8 avril 1599, portant concession au Hollandais Bradléji, à charge de cens, de la propriété incommutable de la moitié des marais domaniaux qu'il parviendrait à mettre en valeur. De nombreux édits et déclarations, intervenus dans le courant des dix-septième et dix-huitième siècles [4], témoignent de l'importance attachée par le gouvernement aux opérations de cette nature, en même temps que de l'existence de plusieurs concessionnaires. Divers priviléges et exemptions étaient stipulés en faveur de ces concessionnaires, auxquels il fut même attribué le droit d'expropriation moyennant le payement aux propriétaires de la valeur des terrains à dessécher, si ceux-ci, mis en demeure, refusaient leur concours. L'obligation de payer, corrélative du droit d'exproprier, imposait à l'entrepreneur de grands déboursés au moment même où il aurait eu besoin de la disponibilité de toutes ses ressources. Elle fut pour beaucoup dans l'insuccès définitif de la plupart des projets de desséchement, qu'entravèrent en outre des contestations et des procès sans cesse renaissants.

[1] La contenance varie de 1,000 à 40,000 hectares par département. (Rapport de M. de Casabianca, au Sénat, sur les bases d'un projet de Code rural; séance du 29 mai 1857.) Les marais sont surtout répandus dans la Brenne (Indre), la plaine du Forez (Loire), la Sologne (Loir-et-Cher), les landes de Gascogne et sur les côtes de la Méditerranée.

[2] La loi de 1807 venant d'être promulguée au moment de la préparation du Code de 1808, ses rédacteurs se bornèrent à demander l'insertion textuelle de la loi dans le chapitre iv du titre III.

[3] La présentation du projet de Code rural au Conseil d'État de 1858. Le livre II (Régime des eaux), après avoir été élaboré par les sections compétentes, a été soumis aux délibérations de l'assemblée générale, d'abord en décembre 1864, puis en juin 1869; la dernière distribution est du 4 avril 1870. Le desséchement des marais y forme le chapitre ii du titre V (Eaux stagnantes).

[4] Édit de 1607, — déclarations des 5 juillet et 19 octobre 1611, 4 mai 1641 20 juillet 1643, — édit de juillet 1656, — déclaration du 14 juin 1764, — lettres patentes du 30 mai 1767.

Un décret de l'Assemblée constituante, des 26 décembre 1790-5 janvier 1791, invoquant l'intérêt général qui condamnait l'existence des marais et terres habituellement inondées comme nuisible à la fois à la santé publique et au développement de l'agriculture, enjoignit aux assemblées de département de dresser l'état de ces terres, chacune dans sa circonscription, et leur confia en même temps le soin de rechercher les moyens de les assainir et de les mettre en valeur. Lorsqu'un desséchement serait reconnu d'intérêt public, le propriétaire devait être requis de déclarer dans les six mois s'il voulait l'opérer lui-même ; sur son refus, ou en cas de non-accomplissement par lui de l'opération dans le délai convenu, l'exécution appartenait à l'administration, à charge de payer la valeur actuelle du sol du marais. En réalité, l'expropriation préalable formait la base fondamentale de ce système, tandis qu'elle eût seulement dû être employée comme « un remède extrême, une ressource dernière qu'il pouvait être utile de se réserver pour punir une résistance coupable[1] ».

Les événements laissèrent le décret du 26 décembre 1790, comme ceux que rendit la Convention sur le même objet, à peu près sans aplication, et « cinq à six cent mille hectares continuaient à diminuer la population et le sol cultivable de la France », quand, le 8 septembre 1807, fut présenté au Corps législatif un projet de loi, longuement élaboré par le Conseil d'État, et qui est considéré encore aujourd'hui comme le Code de la matière. L'*Exposé des motifs* en caractérisait l'esprit et le but dans les termes suivants :

« En fixant son attention sur les défauts de la législation, Sa Majesté a remarqué qu'il était indispensable d'éclairer d'abord les possesseurs de marais sur la nature d'une propriété qui est trop intimement liée à l'intérêt général, à la santé, à la vie des hommes, à l'accroissement des produits du sol, pour n'être pas régie par des règles particulières et immédiatement placée sous l'autorité de l'administration publique.

« Lorsque tous les propriétaires intéressés sont d'accord pour faire un desséchement, il est naturel et juste de les préférer ; mais des précautions doivent être prises pour diminuer le temps et le danger des travaux, pour s'assurer qu'ils auront l'effet qu'il importe d'obtenir.

« En cas contraire, le Gouvernement fera exécuter le desséchement aux frais de l'État, ou concédera, à certaines conditions, le droit de l'exécuter.

« Ainsi, la loi porte l'empreinte de la faveur due au titre de la propriété, mais cette faveur cesse lorsque l'intérêt public l'exige.

« C'est d'après cette juste faveur que, dans le cas de desséchement par l'État ou par une compagnie concessionnaire, les propriétaires ne seront plus évincés d'une partie de leurs terres ; ils seront tenus seulement d'assurer une juste indemnité aux entrepreneurs des travaux. »

Voici la procédure qu'a organisée la loi du 16 septembre pour l'ap-

---

[1] *Exposé des motifs* du 8 septembre 1807.

plication de ces principes [1] ; nous en empruntons le résumé au rapport de M. de Casabianca.

— Constitution des propriétaires en syndicats ; nomination par le préfet des syndics qu'il choisit parmi les plus imposés à raison des marais à dessécher ; désignation d'un expert par les syndics, d'un autre expert par les concessionnaires, et d'un tiers expert par le préfet ; division du terrain marécageux en plusieurs classes, dix au plus, cinq au moins, d'après les divers degrés d'inondation ;

Dépôt du plan pendant un mois au secrétariat de la préfecture ; avertissement par affiches aux parties intéressées d'en prendre connaissance et de fournir leurs observations ; renvoi de toutes les contestations, moins celles de propriété réservées aux tribunaux ordinaires, devant une commission spéciale composée de sept membres nommés par le Gouvernement ;

Estimation par les experts de chacune des classes composant le marais d'après sa valeur actuelle ;

Dépôt pendant un mois du rapport à la préfecture, affiches, renvoi des réclamations devant la commission qui les juge, et qui, dans tous les cas, homologue l'expertise ou la modifie ;

Reconnaissance et réception des travaux après le desséchement ; si des différends s'élèvent, nouveau renvoi devant la commission qui décide ;

Classification, par les experts, assistés des ingénieurs, des fonds desséchés, suivant la valeur qu'ils ont acquise ;

Mêmes formalités à remplir que pour la classification et l'estimation des marais avant le desséchement ;

Division de la plus-value entre les propriétaires et les entrepreneurs dans des proportions fixées par l'acte de concession ;

Faculté attribuée aux propriétaires de se libérer, soit en délaissant une portion relative des fonds calculée sur le pied de la dernière estimation, soit en constituant une rente au taux de 4 pour cent.

En terminant cette analyse, qui vous aura paru longue, messieurs, mais que, pour l'intelligence des modifications que nous aurons ultérieurement l'honneur de vous proposer, il ne nous a pas semblé possible d'abréger, le rapporteur du Sénat faisait observer que les dispositions édictées par le législateur de 1807 avaient été si tutélaires, avaient stipulé en faveur de la propriété de telles garanties, qu'aucun entrepreneur n'avait voulu s'engager dans une semblable spéculation ; que, si une concession de desséchement avait fonctionné pendant quelques années, c'est que celle-ci était parvenue, en s'entendant avec tous les propriétaires, à se dégager d'avance des entraves de la loi, et qu'encore ses opérations avaient été généralement ruineuses. Il concluait à la nécessité d'une refonte complète de la législation.

II. Avant d'examiner le système que M. de Casabianca proposait de substituer à celui qui existait à l'époque où il écrivait, il convient, messieurs, de rechercher si et en quoi la situation actuelle est diffé-

---

[1] Les titres I, II, III, IV, V, VI et X sont seuls applicables aux marais.

rente de celle d'alors. L'état des choses comme la législation se sont en effet sensiblement modifiés dans les derniers temps de l'Empire, et l'on ne saurait méconnaître les efforts tentés par l'État, soit pour neutraliser et combattre par lui-même les fâcheuses conséquences de l'existence des marais, soit pour provoquer en ce sens l'initiative privée.

En 1857, la superficie des terrains marécageux ne différait pas sensiblement de ce qu'elle était au commencement du siècle; le rapport de M. de Casabianca, rapproché de l'*Exposé des motifs* de 1807, en fait foi, et trois ans plus tard le ministre de l'intérieur, dans un rapport du 1ᵉʳ mars 1860, constatait encore que « le desséchement des marais, l'assainissement des terres humides, qui pouvaient devenir pour les propriétaires une source de richesses, étaient restés, sauf de rares exceptions, à l'état de projet ».

Cependant, déjà à cette date était en vigueur une loi qui a été le point de départ d'une série de mesures destinées à venir en aide à l'agriculture et à en favoriser le développement, et dont quelques-unes appartiennent spécialement comme elle à notre sujet. Nous voulons parler de la loi du 19 juin 1857 sur l'assainissement et la mise en culture des landes de la Gascogne, loi dont les résultats heureux ne sauraient être contestés. En effet, dix ans après sa promulgation, c'est-à-dire en 1867, 171,140 hectares sur 288,227 se trouvaient convertis en bois, 32,288 hectares étaient en voie de subir la même transformation, et 24 routes agricoles, d'une longueur de 458 kilomètres, sillonnaient une contrée jusque-là dépourvue de tous moyens de communication.

Dans la Brenne, la Sologne et les Dombes, le concours de l'État et des communes a réalisé, à partir de 1860, les mêmes améliorations, en ouvrant un nombre considérable de voies nouvelles pour le transport des produits de la culture et des engrais, en creusant des canaux, curant les cours d'eau et desséchant les étangs insalubres[1].

---

[1] *Brenne* (Indre) : 100,000 hectares environ. — Le décret du 29 février 1860 y a ordonné la création de 12 routes agricoles d'une étendue de 224 kilomètres. Ces routes étaient terminées en 1869, sauf deux lacunes. Les frais de construction et l'entretien pendant 5 ans avaient été supportés par l'État, les terrains fournis par les communes. En 1863, 19 étangs de la Brenne avaient déjà été desséchés et 23 puits ouverts.

Sologne (Cher, Loir-et-Cher et Loiret) : 450,000 hectares environ. — I. Le décret du 15 octobre 1861 y a créé 13 routes agricoles dans les mêmes conditions que dans la Brenne ; leurs 522 kilomètres étaient terminés en 1867, et l'ouverture de cinq routes nouvelles ou embranchements, d'une étendue totale de 110 kilomètres, avait été décrétée le 17 mars 1869. — II. Le canal de la Sauldre, destiné au transport des amendements calcaires, de Blancafort à la Motte-Beuvron, avait été livré à la circulation en 1869 sur un parcours de 43 kilomètres. — III. En 1865, des curages, entrepris depuis 12 ans sur le Cosson et le Beuvron, avaient assaini 9,000 hectares.

Dombes (Ain) : 100,000 hectares environ. — I. Quinze routes agricoles d'un parcours de 242 kilomètres, décrétées en avril 1862, se trouvaient déjà terminées en 1866, et un décret du 15 mai de cette même année avait prescrit la

En même temps que s'exécutaient les travaux d'utilité agricole, spéciaux aux contrées que nous venons de nommer, deux lois disposaient d'une manière générale sur le même objet : celle du 28 juillet 1860, prescrivant le desséchement, l'assainissement et la conversion en terres arables ou en bois des marais et terres incultes appartenant aux communes, dont la mise en culture serait reconnue utile [1]; et celle du 21 juin 1865, relative aux associations syndicales. Cette loi a été inspirée par cette pensée qu'il convenait de rompre avec les traditions qui assuraient une trop grande part à l'ingérence et à l'action de l'autorité administrative ; que le rôle de celle-ci devait être presque exclusivement restreint à un simple contrôle, et que l'initiative et la décision en ces matières devaient être exclusivement attribuées aux intéressés. Nous nous bornerons à cette énonciation générale, le mécanisme et la portée de la loi de 1865 ayant été déjà étudiés et analysés dans le travail d'un autre rapporteur de la section. Nous signalerons seulement que, d'une part, le desséchement des marais est rangé par le législateur au nombre des travaux dont l'exécution et l'entretien peuvent être l'objet d'une association syndicale, soit libre, soit autorisée; de l'autre, qu'à défaut de formation d'une association de cette nature, l'administration conserve la faculté de procéder, en cas d'utilité publique constatée, conformément à la loi du 16 septembre 1807, sauf certaines modifications que nous indiquerons plus loin, et qui constituent comme un troisième régime, celui qu'on pourrait appeler de l'association forcée, et dont l'extension aux règlements d'eau et aux curages vous est actuellement proposée, vous le savez déjà, par votre 9e section au nom de l'intérêt général. Rappelons enfin que l'article 26 de la loi du 8 mai 1869 a étendu aux travaux de desséchement les prêts à intérêts réduits, autorisés en faveur du drainage par les lois de 1856 et 1858.

III. D'après le court exposé qui précède, il vous apparaîtra, messieurs, que les choses ne se trouvent plus, comme nous l'avons dit, en l'état où elles étaient au moment de la rédaction du projet de M. de Casabianca, que des modifications considérables sont intervenues, et dès lors vous apprécierez et vous partagerez, nous l'espérons, la manière de voir de la section qui n'a pas cru qu'il convînt d'adopter le système fort radical qu'avait proposé l'honorable rapporteur du Sénat. Ce sys-

---

construction de 15 routes nouvelles mesurant ensemble 122 kilomètres. — II. Une loi du 18 avril 1863 a confié à la Compagnie du chemin de fer de Sathonay à Bourg le desséchement de 6,000 hectares insalubres, moyennant une subvention de 1,500,000 francs. En 1869, l'opération était déjà terminée sur 3,500 hectares. On sait qu'une loi du 21 juillet 1856 a organisé une procédure économique et sommaire pour la licitation des étangs de l'Ain. (*Exposés de la situation de l'Empire,* passim.)

[1] En 1867, des reconnaissances effectuées sur 35,000 communes avaient constaté que 6,011 d'entre elles possédaient 310,000 hectares à mettre en valeur : 1,658 opérations avaient été entreprises par l'État et les communes ; 719, déjà terminées, avaient porté sur 13,850 hectares. (*Exposé de la situation de l'Empire.*)

tème consistait, en cas de refus soit formel, soit même tacite par l'expiration des délais, des propriétaires des terrains d'effectuer par eux-mêmes le desséchement, dont un décret aurait préalablement reconnu la nécessité ou l'utilité, d'en prononcer l'expropriation, conformément à la loi du 3 mai 1841, pour concéder ensuite à des compagnies les entreprises affranchies de toute complication administrative et judiciaire.

Les droits imprescriptibles de la propriété privée n'ont pas paru à la section, surtout aux temps où nous vivons, pouvoir comporter à aucun titre une telle atteinte. C'est la considération essentielle qui l'a déterminée, comme elle avait déterminé le législateur de 1807. Elle n'a pas été d'ailleurs insensible à cette autre considération que, si le système proposé venait à être adopté en principe, l'état des finances publiques se refuserait de longtemps à son application. Cependant la décision n'a pas été prise à l'unanimité ni sans débats, et nous ne saurions mieux faire que de renvoyer au procès-verbal de la séance du 10 avril dernier (*Bulletin*, p. 320-322) ceux de nos collègues qui désireraient connaître les arguments pour et contre qui ont été produits dans le cours de la discussion.

IV. L'unanimité, au contraire, a été acquise à un vœu proposé par le rapporteur, tendant à inviter le Gouvernement à suivre, autant qu'il serait en lui, la voie qui lui a été indiquée par le Gouvernement précédent, c'est-à-dire à inscrire dans la plus large mesure possible au budget des crédits pour des travaux de la nature de ceux prévus par la loi du 28 juillet 1860. Ce vœu, il est d'autant plus important qu'il soit émis par la Société que le budget de 1874, que vient de voter l'Assemblée nationale, comparé à celui de 1870, a subi, en ce qui concerne les travaux d'amélioration agricole, des réductions considérables[1], réductions que peuvent justifier jusqu'à un certain point les charges actuelles du Trésor, mais dont la durée doit être rigoureusement restreinte aux nécessités budgétaires. Ne serait-ce pas d'ailleurs, ce semble, travailler en même temps, dans une certaine mesure, à ce résultat que nous poursuivons tous, le retour des ouvriers dans les campagnes?

Dans le même ordre d'idées, celui d'une légitime faveur à accorder aux entreprises de desséchement et d'assainissement, nous croyons devoir demander que l'exemption de tout accroissement d'impôt, stipulée par le décret du 1er décembre 1790 (titre III, art. 5) et la loi

---

[1] En 1870 (Loi du 8 mai 1869), le crédit pour études et subventions pour travaux de desséchement et de curage (ch. xv du budget ordinaire du ministère des travaux publics) s'élevait à 580,000 francs. En 1874 (Loi du 29 décembre 1873), il n'est plus que de 250,000 francs. La dotation des deux chapitres du budget extraordinaire de 1870, relatifs, l'un aux travaux d'amélioration agricole (ch. xii), l'autre à l'assainissement des marais communaux (ch. xiii), est descendue en 1874 de 3,500,000 fr. à 1,350,000 fr., et de 100,000 fr. à 25,000 fr. (ch. xxxix, xxxix *bis* et xl du budget des travaux publics); et le rapport de la commission du budget (*Journal officiel* des 15 et 16 décembre 1873) semble annoncer pour les exercices suivants l'intention de réductions nouvelles.

du 5 janvier 1791 (art. 2), au profit des terrains qui ont été l'objet de ces entreprises, leur soit désormais acquise de plein droit, sans encourir la déchéance prononcée par l'article 117 de la loi du 3 frimaire an VII, à défaut de déclaration préalable. Cette proposition, déjà formulée en 1857 par le rapporteur du Sénat, nous semble emprunter une actualité nouvelle à des projets récents de péréquation du cadastre soumis à l'Assemblée nationale. Nous comptons que vous voudrez bien la consacrer par l'autorité de votre vote.

V. Tout en se refusant à admettre la nécessité et l'opportunité d'une refonte complète de la législation existante sur le desséchement des marais, votre 9e section n'a pas cependant estimé, messieurs, que cette législation ne fût pas susceptible d'améliorations, mais dans les détails seulement, les principes, tels que les ont consacrés les lois de 1807 et de 1865, restant en leur entier. S'appropriant à cet égard les conclusions du Conseil d'État, formulées dans ses délibérations de 1869 et de 1870, elle m'a chargé d'avoir l'honneur de les soumettre à votre adoption.

Le desséchement d'un marais peut être entrepris par les propriétaires intéressés, réunis en association syndicale, libre et autorisée. Dans ce cas, la loi du 21 juin 1865 sortira son entier effet[1].

A défaut d'association constituée, de l'une ou de l'autre espèce, l'administration conserve le droit de faire procéder au desséchement dont l'utilité aura été déclarée, conformément aux règles posées par la loi du 16 septembre 1807. Toutefois, dans ce cas, les attributions contentieuses de la commission spéciale instituée par cette loi seront désormais exercées par le conseil de préfecture, lequel sera chargé également de l'apurement des comptes ; le recouvrement des taxes aura lieu comme en matière de contributions directes ; l'expropriation pro-

---

[1] Nous n'avons pas à faire ici, nous l'avons déjà dit, l'analyse de cette loi ; nous rappelons seulement que l'association libre se forme par l'initiative et le consentement unanime des associés ; que l'association autorisée est constituée par arrêté préfectoral, soit sur la demande d'un ou plusieurs intéressés, soit sur l'initiative de l'administration, lorsqu'il s'agit de desséchement des marais, d'endiguements et de curages, après une délibération de l'assemblée générale prise à la majorité des intéressés représentant au moins les deux tiers de la superficie des terrains, ou à la majorité des deux tiers des intéressés, représentant plus de la moitié de la superficie (art. 8 et 12). S'il s'agit entre autres de travaux de desséchement et d'assainissement de terres humides et insalubres, les propriétaires qui n'ont pas adhéré à l'association ont le droit, dans le délai d'un mois, de déclarer qu'ils entendent délaisser leur propriété moyennant une indemnité fixée conformément à l'article 16 de la loi du 21 mai 1836 (art. 14). Cette loi est substituée pour le cas d'expropriation à celle du 3 mai 1841, l'utilité publique continuant toutefois à être déclarée par décret (art. 18). Les contestations sont jugées par le conseil de préfecture, sauf recours au Conseil d'État (art. 16). Le titre IV, relatif à la représentation de la propriété, à la nomination et au pouvoir des syndics, repose sur les principes suivants : 1° l'intérêt dans l'association dérive de la propriété ; 2° la représentation de la propriété doit être proportionnée à l'intérêt ; 3° le choix des syndics doit régulièrement appartenir à l'assemblée générale ; 4° l'action des syndics doit être libre, sauf l'intérêt public.

noncée par décret s'opérera par application de la loi du 21 mai 1836, c'est-à-dire que le petit jury remplacera celui de la loi de 1841 ; enfin les contestations relatives à l'établissement des servitudes seront portées devant le juge de paix du lieu[1].

Telles sont les prescriptions de la loi du 21 juin 1865. Convient-il de les maintenir et de les insérer dans le nouveau Code rural? La section l'a pensé. En même temps, adoptant encore sur ce point la manière de voir du Conseil d'État, elle a été d'avis qu'il y avait lieu de marcher plus avant dans la voie ouverte par les législateurs de 1865, de tendre à la fois à une nouvelle simplification des formalités, ainsi qu'à une participation plus complète des propriétaires à la défense et à la gestion de leurs intérêts. En conséquence, elle proposerait de décider que la nomination des syndics, chargés de représenter les propriétaires dans les opérations relatives au classement des terrains et à leur estimation, appartiendra de droit à ceux-ci; et que ce sera seulement sur leur refus ou à leur défaut que la nomination sera faite par décret; que ces syndics seront substitués à la commission spéciale pour la rédaction du rôle des indemnités de plus-value dues après l'opération terminée, comme pour la préparation du projet de règlement à proposer à l'administration, lequel aura pour objet de statuer sur tout ce qui concerne l'entretien des travaux de desséchement, l'établissement et le recouvrement des taxes nécessaires à la garde et à l'entretien. De même, le conseil de préfecture succéderait à la commission pour le jugement des réclamations relatives au classement et à l'estimation des terrains, soit avant, soit après le desséchement, et aux bases qui serviraient à l'établissement des rôles de recouvrement de la plus-value. Ainsi disparaît entièrement de la législation la juridiction spéciale instituée par la loi de 1807, et dont celle de 1865 a déjà restreint la sphère d'action. Enfin, il conviendrait de reviser la procédure actuelle en la simplifiant, et de déterminer à nouveau les formes suivant lesquelles il serait procédé : 1° à la levée et à la vérification des plans et autres travaux préparatoires; 2° à l'enquête et à l'instruction préalables aux décrets de concession; 3° aux opérations des experts ainsi que des syndicats.

VI. Il est une série de dispositions proposées par le Conseil d'État, et que la 9e section n'a pas, après discussion, cru pouvoir adopter: ce sont celles relatives aux étangs[2]. Aux termes de la législation en vigueur, l'établissement des étangs n'est actuellement soumis à aucune formalité ni autorisation. Mais l'administration supérieure peut, sur l'avis conforme de l'administration locale, ordonner la suppression des étangs existants pour cause d'insalubrité ou d'inondation des fonds inférieurs. Le projet élaboré par le Conseil d'État subordonnerait désormais la création d'un étang, d'une étendue supérieure à deux hectares

[1] Cette règle est empruntée aux lois de 1854 sur le drainage, de 1857 sur les landes de Gascogne, et de 1860 sur la mise en valeur des biens communaux.

[2] Dans le projet de Code rural élaboré par le Conseil, elles forment le chapitre 1er du titre V du livre II.

à l'obligation d'une déclaration préalable du propriétaire. Dans les trois mois de la déclaration, le préfet aurait le droit de former opposition, en invoquant l'un des cas prévus par la loi de 1792, et cette opposition pourrait être déférée par l'intéressé au ministre de l'agriculture et des travaux publics, qui prononcerait administrativement, la section compétente du Conseil d'État préalablement entendue. Ce système, qui a surtout en vue l'intérêt général de la salubrité, n'a pas semblé à la section compatible avec les droits de la propriété ; elle a craint d'ailleurs qu'une décision prise par le Conseil d'État relativement à un étang ne créât en faveur du propriétaire autorisé de telles présomptions, qu'elle ne rendît ensuite bien difficile toute modification ultérieure à son régime, quand même cette modification deviendrait nécessaire.

Conclusions.

La 9ᵉ section a l'honneur de proposer à la Société des agriculteurs de France d'émettre le vœu :

1° Que le Gouvernement inscrive au budget du ministère des travaux publics, dans la plus large mesure possible, les crédits nécessaires pour favoriser et activer le desséchement, l'assainissement et la mise en valeur des biens communaux, ainsi que des autres terres marécageuses et incultes de France ;

2° Que l'exemption de tout accroissement d'impôt pendant vingt-cinq ans, stipulée par les lois de 1790 et 1791, soit acquise de plein droit aux marais désséchés, sans encourir la déchéance prononcée par l'article 117 de la loi du 3 frimaire an VII ;

3° Que les dispositions législatives à insérer dans le nouveau Code rural, relativement aux desséchements de marais, aient pour objet :

En ce qui concerne les opérations exécutées par des associations syndicales, de consacrer le maintien de la loi du 21 juin 1865, — et, en ce qui concerne les opérations, qui demeurent placées sous l'empire de la législation du 16 septembre 1807, d'étendre entièrement à ces opérations la procédure organisée par la loi du 21 juin, en même temps que de réaliser une nouvelle et large simplification des formalités existantes[1].

Ces conclusions sont adoptées par l'Assemblée générale.

[1] Ce vote a été renouvelé dans les mêmes termes en 1876, séance générale du 23 mars.

CHAPITRE III.

ASSAINISSEMENT DES TERRAINS HUMIDES.

Art. 136 à 140.

CHAPITRE IV.

DRAINAGE.

Art. 141 à 148.

TITRE VI.

IRRIGATIONS.

Art. 149 à 161.

Voir plus haut les rapports de MM. Raudot et Dessaignes.

TITRE COMPLÉMENTAIRE

Modifiant les articles 553, 640, 641 et 642 du Code civil.

Voir plus haut les rapports de MM. Raudot et Dessaignes.

TABLE DES MATIÈRES.

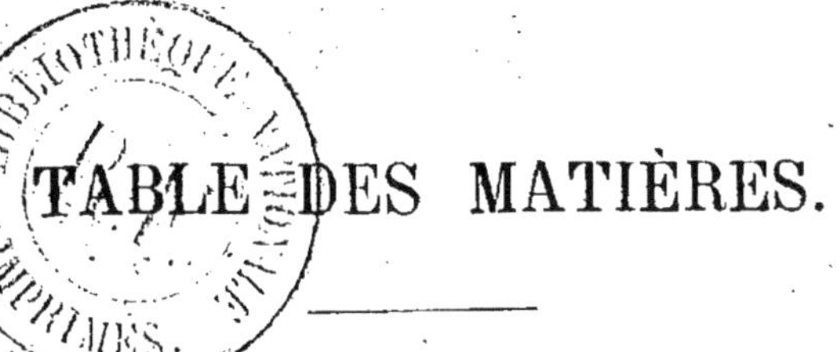

Nancy, imprimerie Berger-Levrault et Cie.

www.ingramcontent.com/pod-product-compliance
Ingram Content Group UK Ltd.
Pitfield, Milton Keynes, MK11 3LW, UK
UKHW020845120726
13693UKWH00002B/821